非線形科学

同期する世界

蔵本由紀
Kuramoto Yoshiki

a pilot of wisdom

目次

はじめに

胸の鼓動、呼吸、体内時計、歩行……、私たちは四六時中「**リズム**」とともに生きています。鳥のはばたき、ホタルの明滅、虫の鳴き声……、いのちのあるところにリズムがあるとさえ言えます。もちろん、いのちをもたないものにもリズムはあります。波はくりかえし渚に打ち寄せ、時計はカチカチと時を刻み、バイオリンの弦は震えます。日夜が交代し、季節が巡るのもリズムです。生物界、無生物界を問わず、自然が生きていると感じられるのも、自然の隅々までリズムに満たされているからかもしれません。

いきおい、リズムとリズムは出会います。すると、不思議なことが起こります。互いに相手を認識したかのように、完全に歩調を合わせてリズムを刻みはじめるのです。これが「**同期現象**」と呼ばれるもので、「**シンクロ現象**」とも呼ばれます。この現象のために、リズムに満ちたこの世界はますます生き生きと精彩を放つものになります。ばらばらに振れていた二つの振り子時計の振り子が、互いに示し合わせたかのように、やがてぴったりと歩調を揃えることに気付いて、アイザック・ニュートンと同時代の偉大な科学者クリスチアーン・ホイヘンスは驚嘆しました。時計はなぜ互いを「知って」いるのか？　本書を読んでいただくと、その理由がわかります。

よく見れば、これに似た現象は身辺にも数多く見出せます。庭にすだくコオロギは唱和します。アジアボタルは集団で発光の大合唱をします。つり橋を歩く群衆はいつのまにか歩調を揃え、それが大きな力になって橋をぐらぐら揺るがします。どんなものにでもリズムが現れるように、同期現象も対象を選びません。リズムのあるところに同期がある、とさえ言えます。体内時計が昼夜のサイクルに同期するように、起源がまったく異なるリズムの間にも、同期は成立します。

これほどまでに自然に遍在する現象であるにもかかわらず、これまで同期現象は科学の表舞台に華々しく登場することがありませんでした。その理由はいくつかあると思いますが、第一にこの現象は理論家にとってたいへん手ごわい対象で、数学的に記述することがなかなか難しいのです。というのも、同期現象は「全体が部分の総和としては理解できない」いわゆる**非線形現象**の典型なので、「全体が部分の総和として理解できる」**線形現象**

を扱うために磨きをかけられてきた数々の手法では、容易に歯が立たないのです。しかし、過去数十年にわたる理論家の努力やコンピューターの高度化のおかげで、現在ではようやくこれを理論的に扱えるところまで来ています。もっとも、本書の主な目的は同期現象の具体的な現れかたを多くの例を通じて紹介することにありますから、数学めいた話はほとんど出てきません。しかし、同期現象がいかなる対象に現れようと、それを一般的に記述できる数理の言葉がある、という事実だけは伝わるように努めました。

同期現象を科学の前面に押し出しつつある別の要因もあります。それは生命科学の進歩です。生き物は想像以上にリズムをさまざまに利用しながら生きているようです。その詳細がミクロなレベルでもはっきりわかってきました。細胞の一つひとつはしばしばリズミックな活動を示します。しかし、それらのリズムが歩調を揃えずにばらばらなままでは、平均としてリズムはないに等しいでしょう。多くの細胞が同期することで、生命にとって意味のあるリズムが生まれます。心拍や体内時計はその例です。また、脊髄の神経ネットワークがリズムを生成し同期してくれるおかげで、人や動物は歩いたり走ったりでき、魚は遊泳し、虫は地面を這うことができます。本書でも生命活動に関係した同期現象の例はかなり広く紹介しました。

同期現象が注目を集めはじめているもう一つの理由は、この現象を人工システムにいろいろと応用できるのではないかと期待されるからです。リズムが同期するのに、外部からの手助けは必要ありません。この性質をうまく利用すると、複雑な作業を自律的に実行してくれるさまざまなシステムを開発できるのではないかと考えられます。全体に目を光らせながら各部分に逐一指令を出すような制御中枢というものをもたず、大半を部分部分に任せることで、全体としてスムースに事が運ぶようなシステムが広く開発されるようになれば、その利点ははかり知れません。それに関連したいくつかの話題を、本書の最後のほうで紹介します。

今後も、新しい同期現象は続々と見出されるはずです。その応用範囲も広がるでしょう。いずれにしても、同期現象の科学は多方面からもっと注目されてよいのではないかと思います。それは生命活動の理解や技術革新にとって重要な鍵を握っているだけではありません。広く解釈すれば、同期現象はモノとモノ、人とモノ、人と人との協調した動きを意味します。同期現象の立場から自然や人間社会に光を当てると、今まで見えなかったいろいろなことが見えてくるに違いありません。一般の読者に同期現象を知っていただくことで、本書がこの方面にささやかながら貢献できれば、著者にとってはこの上ない幸せです。

第一章　身辺に見る同期

ホイヘンスの発見——二つの振り子時計は共感する

同期現象を科学者の目で初めて観察し、考察した人物として誰もが一致して挙げる名前があります。それは、ニュートンとほぼ同時代のオランダの偉大な科学者クリスチアーン・ホイヘンスです。

ホイヘンスは近代科学の成立にあたって最も重要な人物の一人で、たとえば波動の伝播に関する「**ホイヘンスの原理**」は高校の物理の教科書にも登場します。遠心力という概念を初めて理論化したのもホイヘンスですし、自分が製作した望遠鏡で土星の環や土星の衛星であるタイタン、オリオン星雲などを発見したのもホイヘンスです。もっとも、彼はニュートンの万有引力の考えを終生信じなかったそうですし、没後に出版された彼の著書では、それほど科学的とは言えない根拠に基づいて地球外生命の存在を主張しています。このように、ホイヘンスは現代人が抱く大科学者のイメージとは少し違った面ももっていましたが、これはホイヘンスに限らず、当時の大科学者一般について言えることかもしれません。ホイヘンスのもう一つの偉大な業績とされるのは振り子時計の発明ですが、同期現象の発見はこれに関係しています。

発見のいきさつは以下のようです。一六六五年の冬、少し体調が悪くて自宅にこもっていたホイヘンスは、壁に固定された二つの振り子時計の動きをそれとなく追っていました。彼はその一〇年ばかり前から振り子時計の製作を始めていましたが、目の前の時計は彼の設計図をもとに、同じ街のハーグに住むなじみの時計工サロモン・コスターが製作した改良版でした。二つの時計は、水平に取り付けられた一枚の支持板に数十センチ間隔で並んで固定されていました。

図1　クリスチアーン・ホイヘンス（1629−1695）の肖像画　アイザック・ニュートン（1642−1727）とほぼ同時代のオランダの大科学者。土星の環、ホイヘンスの原理、「遠心力」概念等の発見や振り子時計の研究で知られる。©PPS通信社

ホイヘンスはふと驚くべきことに気付きます。二つの振り子が申し合わせたかのように完全に歩調を揃えて左右に振れるのです。一方の振り子が右に振れ

るとき他方は左に振れるというふうに、互いに鏡に映したかのような左右対称な動きがいつまでも続くのです。そればかりか、振り子の動きをわざとかき乱しても、三〇分もすると完全に歩調を揃えた動きを回復したのです。

　ホイヘンスはこの不可思議な現象を「**一種の奇妙な共感**」と呼びました。振り子がまるで心をもっているかのように感じられたのでしょうか。最初、彼は「共感」が空気の揺れによる**相互作用**によるものではないかと考えましたが、考えなおして、支持板のかすかな振動を通して時計が影響し合っているせいだと（正しくも）結論づけました。確かに、二つの時計を部屋の別々の隅に置くと振り子の歩調は次第に揃わなくなり、一日で五秒の差が両者に生じました。この場合、それぞれの時計は本来の自然なリズムを刻んでいると考えられます。ホイヘンスの時計は一日に約一五秒の狂いがあったと言われますから、五秒の差が二つの時計の間に生じたのは自然です。

　ホイヘンスの時計は当時としては非常に正確なものでした。それ以前の、振り子を用いない時計に比べると、誤差は何十分の一という小ささです。振り子時計のアイディア自体は、ガリレオ・ガリレイに始まります。それは五〇年以上時代をさかのぼりますが、ガリレイは晩年に失明したこともあってか、実物は作られていません。ガリレイのアイディアをさらに進めて、これを現実化したホイヘンスが振り子時計の精度を飛躍的に高めました。以後、クォーツ時計が現れるまでの約三〇〇年間、世界で最も正確な時計は振り子時計でした。

国の命運を左右する時計の精度

ホイヘンスの時代は、科学者たちが正確な時計を競って製作した時代でした。それをうながす強い社会的要請があったからだと思われます。特に、商船が安全に外洋航海するためには、精度の高い時計がぜひとも必要でした。じっさい、当時のオランダは東インド会社を設立して、アジアに広く進出していました。

洋上で船舶の現在位置を正確に知ることは、航海にとって命綱とも言えます。それは当時のヨーロッパ諸国にとって、一国の命運に関わることでもありました。緯度と経度のうち、緯度は太陽の最高高度を測定することで容易にわかります。しかし、経度を知るのはそれほど容易ではありません。経度が違えば、太陽が最高点に到達する時刻が違います。

その時刻が母港と現在地でどれだけ違うかを正確に測ることで経度を割り出すのが、当時としては最も理にかなったやりかたでした。

しかし、正しい時刻から一秒ずれただけでも、たとえば赤道上では五〇〇メートルも位置が狂ってしまいますから、ホイヘンスの時計でさえ必ずしも精度が十分だったとは言えません。まして、はるかに不正確な時計しかなかった前時代の航海は、危険きわまりないものでした。そんな時代には、どの方向にどのくらいの速さで何時間航行したかというデータから推測された変位を積み重ね、それによって現在位置を判断するというやりかたが一般的でした。**推測航法**と呼ばれるこの方法は、コロンブスの時代にも用いられていたものです。しかし、この方法ですと、風や潮流のために生じる変位の誤差が累積して大きな狂いが生じます。そのため、海の悲劇も絶えることがありませんでした。

ロンドン王立協会は現存する世界最古の科学学会です。当時の王立協会は、この大問題の解決を目指して、実用に耐える正確な時計の発明を大いに奨励していました。王立協会を財政的に支援していた英国政府から、達成度に応じてランクづけられた報奨金も出されていました。王立協会は当時設立されたばかりでしたが、その会員となったホイヘンスも、この事業に関心をもちました。ホイヘンスが二個の時計を同時に動かしていたのも、航海を念頭に置いてのことです。洋上では時計が故障することもあるでしょうし、手入れもしなければならないので、ホイヘンスの場合に限らず、少なくとも時計を二つ積んでおく必要があったのです。

しかし、結局のところ、ホイヘンスが製作した時計は、現実の航海には耐えられないものとして、最終的には採用されませんでした。ホイヘンスが発見した「共感」も裏目となったようです。彼はこの発見を王立協会に（そして同時に父親宛ての手紙でも）報告しているのですが、ごく弱い影響でリズムが変化するなら航海には役に立たないと判断されたのもやむをえません。じっさい、洋上では揺れにも強くなければなりませんし、温度や湿度の変化にも耐え、塩分による腐食にも強くなければなりません。静かな環境で良い精度を示すというだけでは不十分なのです。ついでながら、約七〇年後に試験航海を成功させ、その後も実績を重ねて、この賞金を何度も獲得して富豪になった人がいます。独学で大工から時計工になったジョン・ハリソンという英国人で、彼は振り子の駆動装置を摩擦の少ないものに改良するなどして、時計の精度を大いに向上させました。

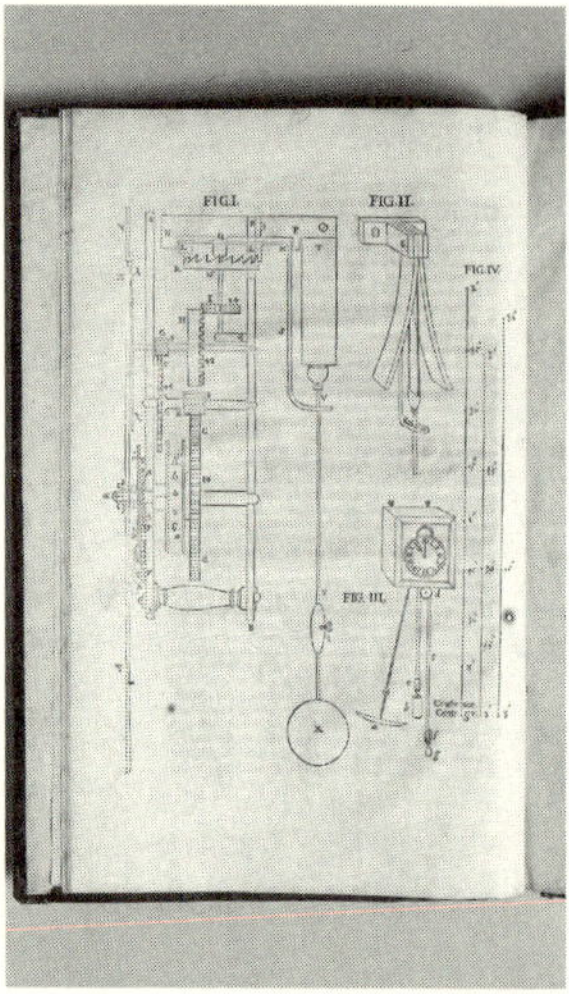

図2　ホイヘンスの振り子時計のイラスト　ホイヘンスによる著書『振り子時計』（原題 "Horologium Oscillatium" F. Muguet, 1673）の初版本から。
提供：金沢工業大学ライブラリーセンター

ホイヘンス自身はその後も時計の改良を重ね、一六七三年には振り子時計の数学に関する書物も出版しています。しかし、同期現象については最初の発見以後追究したようには見えません。そもそも、同期のメカニズムを解明しようにも、そのすべがなかったのでしょう。同期現象は現代の言葉で言えば典型的な非線形現象です。それを本格的に扱うには、現代科学の概念や数理的手法、コンピューターの出現などを待たなければならなかったのです。

ホイヘンスの発見を現代に再現する

今世紀に入って、ホイヘンスの発見どおりに振り子時計が同期することを実験的に証明しようと試みる科学者のグループが、いくつか現れました。中でも、米国ジョージア工科大学のグループによる実験は、興味深いものです。その報告を、あのロンドン王立協会が刊行する伝統ある学術誌『Proceedings of the Royal Society of London』に発表したのも気がきいています。

マシュー・ベネットらによるその実験は、ホイヘンスが観察した状況にできるだけ近い状況で行うというのが、一つのセールスポイントになっています。もっとも、見かけの違いはそれほど重要ではありません。肝心なのは、振り子の運動を決定づける物理条件が両者で合致していることです。観測も現代技術を用いています。振り子の動きをレーザー光で追跡し、データはコンピューターで処理されます。用いた時計はゼンマイ式振り子時計で、ドイツメーカー製の市販の時計です。ホイヘンスにならって、二つの時計を水平な一枚の板に並べてつるしました。

とは言え、ホイヘンスはどんな物理的状況の下で実験を行ったのか、その詳細はどうしたらわかるのでしょうか。それには、同期を発見したときにホイヘンスが残した詳しいメモが役立ちます。振り子の長さや重さ、振れの角度、時計を収納したケースの寸法と重量

図3　ホイヘンスの発見を再現するための振り子時計の同期実験　水平の板に二つの振り子時計が並んでつるされている。中央に見える錘の重さを変えると、板を通して振り子の相互作用の強度が変わる。全体は台車に載っている。（M.Bennett et al. , Proc.Roy.Soc.London A 458, p.563, 2002より）

などが、そこには細かく記されているからです。ベネットたちはこれを活用しました。その実験では、時計をケースに入れているわけではありませんが、時計と支持板の全体に錘を付けて台車に載せています（図3）。

一般に、振り子が同期するかどうかは、支持板を通して時計がどれほど強く相互作用しているかによります。ホイヘンスの場合、二つの時計の間の相互作用の強さは、振り子の重さと収納ケースの重さという二つの要素で、ほぼ決まっていたはずです。じっさい、振り子が軽いほど、そして収納ケースが重いほど支持板の振動は抑えられますから、相互作用は弱くなります。そこで、ベネットらは図3の中央の錘の重量を調節することで、相互作用の強さを調節することにしました。

ホイヘンスが用いた収納ケースは、約四五キロという、とても重いものでした。船に積み込むためのものなので、揺れで倒れないように十分な錘を底に置いたからでしょう。そのため、振り子の相互作用はかなり弱かったはずです。そこで、ホイヘンスの振り子時計の場合と同程度と思われる強さに相互作用を調整して実験してみますと、確かに二つの振り子はホイヘンスが報告したとおり、互いに鏡に映したような完全に同期した運動をいつまでも続けました。ところが、中央の錘を軽くしていくと、つまり振り子の相互作用を強めていくと、まったく違った現象が現れました。時計の一つが、あるいは二つともとまってしまったのです。

時計がとまってしまうのは、ある意味でつまらない理由、すなわち振り子の駆動装置が特別の構造をもっていることによります。振り子が板を通して互いを強く揺さぶるようになりますと、それぞれの振り子は大きく振れたり小さく振れたり、振幅の変化が激しくなります。ところが、振れの角度がたまたまある限界値より小さくなると、駆動装置の構造のために、それまで振り子にくりかえし作用し続けていた軽いキックが突然なくなり、振り子の運動が維持されなくなるのです。キックを受けない振り子は、エネルギーの供給を絶たれるわけですから、摩擦のためにその振れはますます小さくなり、やがてとまってしまいます。収納ケースが十分重かったために、ホイヘンスの場合にこれが起こらなかったのは幸いでした。

同期の発見に導いた幸運は、もう一つあります。実は、前の実験とは逆に、相互作用が弱すぎても同期しなかったはずですが、相互作用はそれほどには弱くなかったということです。同期に必要な相互作用の強さは、二つの時計が本来もっている周期、すなわち**自然周期**の違いに関係しています。自然周期が大きく違えば強い相互作用が必要で、違いが小さければ弱い相互作用でも同期します。ホイヘンスの場合、自然周期の違いは一日にわずか五秒の差が生じる程度のものでした。自然周期がそれほど近いからこそ、支持板のかすかな振動を通じてさえ、同期が実現したのでした。しかし、自然周期が完全に一致しない限り、同期するためにはなにがしかの相互作用は必要です。相互作用が強すぎもせず弱すぎもせず、ちょうど同期の条件を満たしていたのは幸いでした。

リズムを揃えるメトロノーム

最近では、振り子時計を入手するのも容易ではありません。そこで、誰でも手軽に行える同期の実験として、振り子時計のかわりにメトロノームがよく用いられます。装置はいたって単純です。次頁図4のように、二つのメトロノームを平たい板に載せ、全体を二本のジュースの空き缶の上に載せるだけです。

メトロノームの振り子が往復運動すると、台はたやすく揺れます。テンポは自由に調整できますから、まず二つのメトロノームをほぼ同じテンポに設定してスタートさせてみます。すると、二つの振り子の往復運動は、最初はばらばらでも時間が経つにつれて次第に揃ってきます。カチカチという音が揃ってくるのでそれがよくわかります。もちろん、これは台の振動を通じて両者が相互作用するからです。

実験条件にもよりますが、通常は二つのメトロノームの振り子は右なら右、左なら左といっせいに同じ方向に振れます。二人乗りボート競技のダブルスカルで、漕ぎ手のオールが揃った動きを示すのに似ています。一方、振り子時計では互いに鏡に映したかのように逆方向に振り子が振れることで同期しました。どちらも二つの振動体の周期が完全に一致

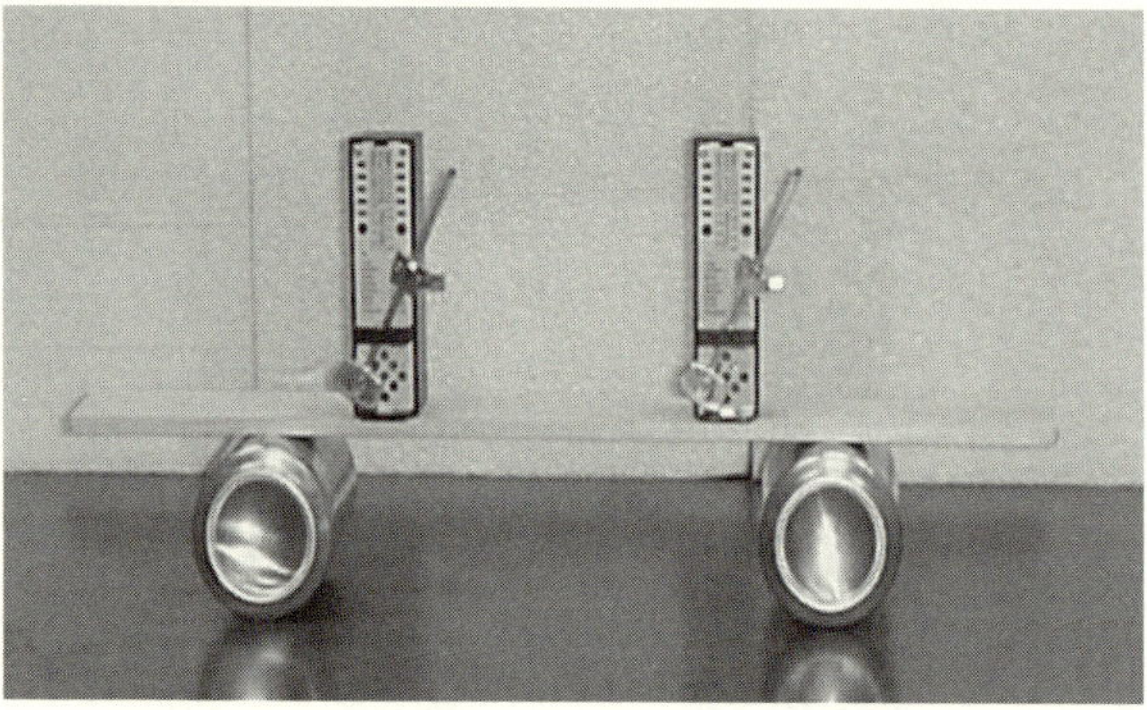

図4　メトロノームの同期実験　揺れやすい板の上に置かれた二つのメトロノームの振り子は同期する。（J.Pantaleone, Am.J.Phys. 70, p.992, 2002より）

するので同期には違いありませんが、同期のタイプとしては区別されます。メトロノーム的な同期を**同相同期**、振り子時計的な同期を**逆相同期**と呼んでいます。同相同期では振れのタイミングが一致し、逆相同期ではそれが半周期分だけずれています。

メトロノームの同期現象は、同期とは何かを知ってもらうためのデモンストレーションとしては手軽で効果的ですが、それにとどまらず、より進んだ学術的研究もあります。実験とともに数学モデルを作って解析した論文が、物理学の名だたる国際誌に掲載されているほどです。それによると、状況次第で逆相にも同期します。それは、たとえば湿った床の上で実験した場合で、空き缶の転がり摩擦が大きいために、それを通じてエネルギーが早く散逸すると逆相同期になるようです。だからといって、それがなぜ逆相同期に結び付くのかは、容易にはわかりません。一般に、同期が同相になるか逆相になるかは、一見してわかるというようなものではないのです。

メトロノームを用いた実験の手軽さを利用しますと、二つではなく多数のリズムの同期現象も調べられます。単にメトロノームを多数用意して台に載せるだけです。お茶の水女子大学の郡宏さんによる『YouTube』の投稿動画「Synchronization of four metronomes on a suspension bridge」を参考資料として紹介しますと、この動画ではメトロノームが四つの場合ですが、レガッタクルーのオールの動きに似て、メトロノームの振り子がいっせいに右に左に振れるようすがわかるでしょう。多くのリズムが歩調を揃えて集団として大規模なリズムを作り出す現象は**集団同期**と呼ばれます。集団同期は本書のメインテーマの一つですので、いろいろな具体例に沿って、次章以後で詳しく見ていきたいと思います。

持続するリズムと持続しないリズム

リズムの担い手もしばしば単にリズムと呼ばれます。本書でも、しばしばこの慣例にしたがいます。しかし、これを「**振動子**」と呼ぶことにすれば、規則的な反復運動、すなわち周期運動を示す実体であることがより明確になります。周期運動を行っている一つの振り子時計や一つのメトロノームは、それぞれが一つの振動子と見なせます。以下でも「振動子」という用語は頻繁に登場します。

無人になったばかりのブランコは、しばらく揺れた後に静止しますし、電源を切ると、洗濯機の脱水槽はやがて回転をとめます。これらは持続しない振動の担い手ですから、ここで言う「振動子」とは区別されます。しいて言えば「**減衰振動子**」です。現実世界では、動きのあるところには必ず「摩擦」のようなエネルギーの散逸がともないますから、減衰せずにリズムが持続するためには、エネルギーが絶えず外から供給される必要があります。リズムを保つのに必要なエネルギーをもらいながら、それを熱エネルギーなどのミクロな分子運動のエネルギーに変えて廃棄する、それによって安定なリズムを持続するもの、それがここで言う振動子です。

ゼンマイ式の振り子時計やメトロノームでは、ゼンマイに貯えられた弾性エネルギーがエネルギー源になっています。ゼンマイがゆっくりほどけることで、弾性エネルギーがゆっくり振り子に送り出されるからです。一方、ホイヘンスが製作した振り子時計はゼンマイ式ではなく、シャフトに巻きついた錘がじわじわと下がることで、その位置エネルギーが小出しにされ、振り子に供給され続けます。錘が降下することでシャフトが回転し、それが振り子をこつこつとくりかえしキックする力に変換されるのです。いずれにしても、エネルギーをもらう一方で、それを散逸しながらリズムは持続します。その振幅は安定していて、たとえかき乱しても、振れはやがてもとの大きさに戻ります。

リズムを「位相」だけで言い表す

ここで具体的な現象からいったん離れて、やや抽象的な話をしましょう。現象を抽象化して見ることは、とても重要です。そうすることで、いろいろな状況の下で現れるリズム現象や同期現象を共通の言葉で言い表すことができるからです。一般に「モノはまったく違うのに、現象は何となく似ている」と感じることはしばしばありますが、それをできるだけ曖昧さのない言葉で表現したいのです。

その中で、「**位相**」という言葉はリズム現象一般に適用可能な共通語として、特に有用です。リズムの集団が生み出す多くの現象は、位相だけで言い表すことさえできます。位相とはリズムの進み具合のことです。たとえば、二つのメトロノームの動きを比較したとき、一方の振り子が他方より一瞬早く振れるなら、一方が他方より「位相がわずかに進んでいる」と言い、逆に後者は前者より「位相がわずかに遅れている」と言います。その場合、両者の間に小さな「**位相差**」があるということになります。ホイヘンスの振り子時計では、二つの時計の間に半周期分だけの位相差がありました。この場合、「位相が逆になっている」「逆位相で同期している」などという言いかたもあります。

メトロノームでも振り子時計でも何でもよいのですが、ある周期的なくりかえし現象に対応して、円周上を一つの粒子が一定の速さでぐるぐる周回しているようすを思い浮かべると便利です。つまり、振動子を「円運動する仮想的な粒子」と見なすのです。運動方向は左回り、すなわち角度が増大する方向で、速さは一定としておきます。すると、振動子

郵便はがき

料金受取人払郵便

神田局承認

7710

差出有効期間
2014年11月
30日まで
(切手不要)

101-8051

050

神田郵便局郵便
私書箱4号
集英社
愛読者カード係行

『集英社新書』

■この本をお読みになってのご意見・ご感想をお書きください。

※あなたのご意見・ご感想を本書の新聞・雑誌広告・集英社のホームページ等で

1.掲載してもよい　2.掲載しては困る　3.匿名ならよい

■集英社出版企画の資料にさせていただきますので、下記の設問にお答えください。それ以外の目的で利用することはありません。ご協力をお願い致します。

●お買い上げの本のタイトルをお書きください。

■この本を何でお知りになりましたか?(いくつでも○をおつけください)

1.新聞広告(新聞名　　　　　　　　　　) 2.雑誌広告(雑誌名　　　　　　　　　　)
3.新聞・雑誌の紹介記事で(新聞または雑誌名　　　　　　　　　　)
4.本に挟み込みのチラシで(書名　　　　　　　　　　)
5.集英社新書のホームページで　6.メール配信で　7.友人から　8.書店で見て
9.テレビで(番組名　　　　　　　　　　) 10.ラジオで(番組名　　　　　　　　　　)
11.その他(　　　　　　　　　　)

■本書の購入を決めた動機は何でしたか?(いくつでも○をおつけください)

1.書名にひかれたから　2.執筆者が好きだから　3.オビにひかれて
4.本書のカバー、内容紹介を見て興味を持ったから　5.目次を見て興味を持ったから
6.前書き(後書き)を読んで面白かったから　7.その他(　　　　　　　　　　)

■最近お買い求めになった新書のタイトルを教えてください。

■あなたが今、関心のあるジャンル、テーマをお教えください。
(ジャンルの記号ならびにカッコ内のテーマに○をおつけください)

A.政治・経済(政治、経済、世界情勢、産業、法律)　**B.社会**(社会、環境、地球、ジャーナリズム、風俗、情報、仕事、女性)　**C.哲学・思想**(宗教、哲学、思想、言語、心理、文化論、ライフスタイル、人生論)　**D.歴史・地理**(世界史、日本史、民俗学、考古学、地理)　**E.教育・心理**(教育、育児、語学、心理)　**F.文芸・芸術**(文学、芸術、映画、随筆、紀行、音楽)　**G.科学**(科学、技術、ネイチャー、建築)　**H.ホビー・スポーツ**(ホビー、衣、食、住、ペット、芸能、スポーツ、旅)　**I.医療・健康**(医療、福祉、医学、薬学)　**J.その他**(　　　　　　　　　　)

■定期購読新聞・雑誌は何ですか?

新聞(　　　　　　　　　　)　雑誌(　　　　　　　　　　)

■本書の読後感をお聞かせください。

1.面白い(YES・NO)　2.わかりやすい(YES・NO)　3.読みやすい(YES・NO)

ご住所〒 都道 府県	TEL
お名前(ふりがな)	年齢　　歳 □男　□女
ご職業　1.学生〔中学・高校生、大学生、大学院生、専門学校生、その他〕　2.会社員　3.公務員　4.団体職員　5.教師・教育関係者　6.自営業　7.医師・医療関係者　8.自由業　9.主婦　10.フリーター(アルバイト)　11.無職　12.その他(　　　　　　)	

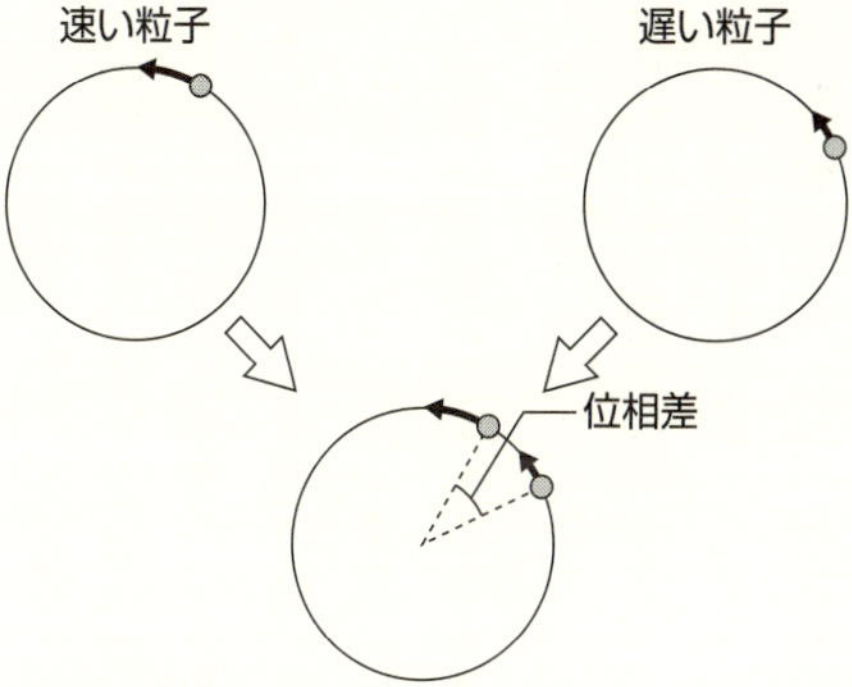

図5　位相と位相差のイメージ　周波数が異なる二つの振動子は、異なる速度で円運動する二つの粒子で表される。両者が引力相互作用によって同期すると、高周波数の振動子（速い粒子）は低周波数の粒子（遅い粒子）に対して一定の位相差を保ちつつ先行する。両者の角度差が位相差を表している。

がある瞬間にどのような状態にあるかは円周上の粒子の位置で示すことができ、それは角度で表されます。角度ゼロの基準点は適当に定めておきます。円運動のイメージを用いますと、リズムの進み具合を表す位相はまさに角度によって表されることがわかるでしょう。以下でも、リズム現象を粒子の円運動に見立てて語っているときには、いつでも位相＝角度だと思っていただいて結構です（図5）。

円運動のイメージは単に便利であるばかりでなく、理論的にもしっかりした根拠をもつことがわかっています。米国コーネル大学のスティーブン・ストロガッツは、円運動する粒子のかわりに円形トラックを走るランナーのたとえを用いました。これも面白いたとえなので、後でも時々用いることにします。

同期の二タイプ――同相同期と逆相同期

今までの話は、外界から何の影響も受けず、自然なリズムを刻んでいる一つの振動子についてでした。次に考えたいのは、互いに影響を及ぼし合っている振り子時計やメトロノームのように、似た性質をもついくつかのリズムが相互作用している場合です。相互作用で結び付いている振動子の集まりを一般に「**結合振動子**」と呼んでいます。

単純なケースとして、二つの振動子を考えましょう。これらが互いに及ぼし及ぼされる力は、ともに同じ性質をもっているとします。この状況に対応して、円周上を走っている二個の粒子を考えます。あるいは、円形トラックを走っている二人のランナーを想像してもよいでしょう。ホイヘンスの時計がいかに正確だったとしても、時計ごとにいくらかの狂いがあったように、二人のランナーを別々に走らせたときに、それらのスピードが完全に同一ということは現実にはありえないでしょう。したがって、もしもトラック上の二人の間に何の相互作用もなく、それぞれが自分のペースで走り続けるなら、時間が経つにつれて両者の走行距離の差は限りなく大きくなるでしょう。位相という言葉を使うなら、「両者の位相差が限りなく増大する」と言えます。しかし、相互作用が働いて速度が互いに調整されるなら、たとえ一方が先行し他方が追いかけるという形になるとしても、つまり位相差があったとしても、離し離されることなく、いつまでも同じ回転周期で走り続けるようになるかもしれません。これが同期にほかなりません。

要するに、両者の間隔が無制限に広がらず、あたかも見えないひもでつながっているかのように一体となって走っているのが同期です。そのとき、両者の「間隔」、つまり位相差は一定です。ところで、この位相差は最終的にどんな値に落ち着くのでしょうか。これには二つの代表的なケースがあります。第一は、ほぼ位相を揃えて回転する場合、つまりランナーのたとえで言えば、二人がほぼ並走している場合です。これは同相同期した状態を表しています。第二は逆相同期で、これはランナーが円形トラックのほぼ反対側を走っている状況に対応します。その場合、二つのリズムは半周期分だけタイミングがずれて同期しています。ホイヘンスの時計の同期は逆相同期で、メトロノームの同期は同相同期でした。

ただし、位相差が正確にゼロまたはちょうど半周期分ずれるのは、まったく性質が同じ振動子の場合に限ります。現実には、両者の自然周期の差は数学的なゼロではありえません。しかし、ホイヘンスの二つの時計のように自然周期の差が十分小さいなら、実質的には同相または逆相の同期になります。同相と逆相のいずれが実現するかは、相互作用の性質によります。粒子が引き合うと同相に同期し、斥け合うと逆相に同期します。なぜそうなるかをもう少し詳しく説明すると、次のようになります。

まず、自然周期がまったく同じ二つの振動子が仮にあったとします。粒子がまったく並んで走っている限りこの並走状態は続きますが、一方が他方をリードする状態から出発すると、相互作用のために速度調整がなされはじめます。相互作用が強ければ速度は強い影響を受け、弱ければその影響は微弱です。

この場合、両者の間に引力が働く場合と、斥力つまり反発力が働く場合とがあります。互いに引き合う場合には、先行した粒子は減速し、遅れた粒子は加速されますから、位相が揃ったもとの状態が回復されます。すなわち、同相に同期した状態は安定で、それが少々かき乱されても同相同期状態に復帰します。逆に反発し合う場合には、少しでも位相

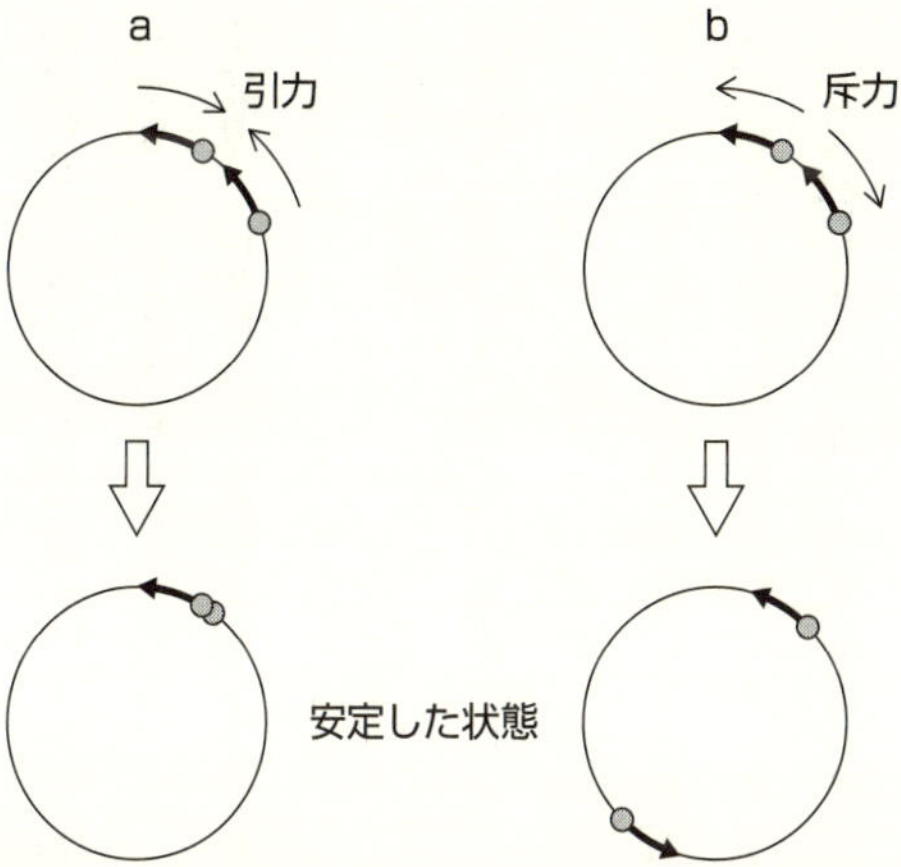

図6　同相同期と逆相同期のイメージ　二つの振動子間に働く相互作用として、互いに引き合う場合（引力相互作用）と反発し合う場合（斥力相互作用）がある。振動子の性質が同一の場合、引力相互作用ならそれらは一致した位相で運動し、斥力相互作用なら180度の位相差で運動する。aは同相に同期した状態、bは逆相に同期した状態を表している。

差ができると先行したものは加速され、遅れたものは減速しますから、ますます位相差は大きくなります。しかし、位相が半周期分、つまり一八〇度だけずれると、それ以上離れることはできません。これは逆相に同期した状態を表しています。以上をまとめると、振動子間に引力が働く場合には同相同期が実現し、斥力が働く場合には逆相同期が実現する、ということになります（図6）。

以上は自然周期が同じ場合の話でした。自然周期に違いがあると、つまり固有の速度に違いがあると、粒子がたとえ引き合っても完全に一点に集まることはなく、多少とも位相差が保たれた状態で安定化するでしょう。本来早いペースをもつものが先行しがちになり、遅いペースのものが遅れがちになるのは当然でしょうから。同様に、粒子が反発し合う場合も、位相差は一八〇度からいくらかずれた値に固定されるでしょう。つまり、同相同期も逆相同期も不完全なものになります。

同期の破綻

自然周期の差がさらに大きくなって、ある限界を超えると、同相にせよ逆相にせよ同期そのものが不可能になります。なぜそうなるかを引力相互作用の場合について見るために、初めに小さい位相差で安定した同相同期状態があったとします。そこで自然周期の差を大きくしていったと考えましょう。すると、二つの粒子はより大きい位相差で安定化しようとするでしょう。両者の間隔が大きくなると、両者を結ぶゴムを引っ張った場合のように引力相互作用も強くなります。つまり、先走ろうとする粒子を減速させる力と追いかける粒子を加速させる力がともに強くなります。それによって、両者が本来もっている速度の違いが大きくなってもそれが打ち消され、現実の速度がちょうど等しくなる間隔のところで釣り合いが達成されるのです。

しかし、自然な速度の違いがあまりに大きくなると、どんな間隔をとっても、相手を引きとめるには力不足になって同期が破綻するのです。つまり、本来のペースが違いすぎるために、両者を結び付けている最大限の力でも双方を引き離そうとする傾向に耐えられなくなるのです。その結果、速い粒子は遅い粒子を置き去りにして勝手に走り出し、際限なく位相差が広がっていきます。「最大限の力」は同期のしやすさを決める重要な因子です。それは「**結合強度**」とも呼ばれます。結合強度が大きくなればなるほど互いに引きとめる力が大きいので、自然周期に大きな違いがあっても、それだけ同期しやすくなります。

これまでは振動子を円運動する粒子に見立てて、同相同期と逆相同期の意味や同期の破綻のメカニズムについて説明しました。位相だけを用いたリズム現象のこのような記述法を「**位相モデル**」と呼んでいます。位相モデルはリズムと同期を巡る現象に広く適用できるものですが、第三章で見るように、適用限界もあります。

レイリー卿の発見

レイリー卿は一九世紀後半から二〇世紀初頭にかけて活躍した、英国の偉大な物理学者でした。彼の名もホイヘンスに次いで同期現象の科学史にしばしば登場します。振り子時計の同期現象もそうでしたが、レイリーが発見した同期の実例も非線形科学の立場から近年あらためて関心を呼んでいる現象の一つです。

現代物理学は相対性理論と量子力学の発見から始まりましたが、レイリーはその直前、つまり古典物理学の時代の最後にして最大の物理学者でした。彼は希ガス元素のアルゴンの発見で一九〇四年にノーベル物理学賞を受賞し、ロンドン王立協会の会長も務めています。音響学にも深く関わっていたレイリーは、「音波が同期する」ということを発見した最初の人です。それはパイプオルガンが発する音の観察から生まれました。

単にオルガンと言えば、欧米では通常パイプオルガンを指します。初等教育用に教室などに置かれているリードオルガンではありません。一八七七年にレイリーが発見したオルガンのパイプに関する奇妙な現象は、次のようなものでした。ほとんど同じ、しかし完全に同じではありえないはずの音程をもつ二本のパイプを近づけて並べ、同時に音を発生させます。すると、二つの音程が完全に一致したばかりか、二つの音が打ち消し合って、消え入るほどの音になってしまいました。しかし、二本のパイプの間に障壁を立てると、それぞれはもとの音量と本来の音程を示しました。パイプオルガンが音を発生する機構は非常に複雑ですから、レイリーの時代にこの現象が満足に説明できなかったのは、驚くにあたりません。それが首尾よく説明されたのは、ごく最近のことです。

パイプオルガンが発する音は姿が見えないので、少し考えにくいかもしれませんが、振動子の一種と見ることができます。音波は空気の密度が周期的に変動するリズムですが、エネルギーの供給と散逸のバランスを保ちながら一定の強さで鳴り続ける限り、それは振り子時計やメトロノームと同様に同期する能力をもつ立派な振動子です。高い音は高周波数の振動子であり、低い音は低周波数の振動子です。じっさい、パイプオルガンの音はエネルギーの供給源と散逸機構をもっています。鍵盤を手や足で操作すると送風装置から圧縮空気がパイプに送られ、気圧が波動となってパイプの内部を往復します。その結果、管内の気柱が管の長さで決まる共鳴周波数で振動して、音を発生します。一方で、音のエネルギーは飛び去っていき、また空気の粘性抵抗で散逸します。まさに、エネルギーの流れの中で安定して震えているのが、音という自律的な振動子なのです。

レイリーが発見した現象はどのように解釈されるでしょうか。結論を言ってしまえば、音程が完全に一致したのは二つの音が同期したからですが、これが逆相同期だったために音が弱くなったのだと考えられます。ホイヘンスの振り子時計では、逆相同期することで支持板が双方から逆向きの力を受けて、その動きが抑えられましたが、それと同様に、空気の密度の大小が互いに打ち消し合って、音が消滅するのです。

パイプオルガンは二〇〇〇年以上も昔、ヘレニズム時代のアレクサンドリアで発明されたと言われます。何世紀もの間、パイプオルガンの製作者たちは音の同期を回避する方法を経験から学んでいました。彼らは、近い音程をもつ二本のパイプを互いに接近しないように配置しました。こうすることで、二本を同時に鳴らしたとき、それら本来のわずかに違った音程が重なり、うなりを生じさせることができます。このうなりはビブラート奏法のために必要です。二つの音の位相が合うとそれらは互いに強め合い、逆位相になると弱め合います。これが交互にくりかえされるのがうなりです。同期しないからこそ、それが可能なのですが、逆相に同期したのでは常に弱め合うだけでビブラートは生じません。

模擬実験でオルガンのパイプを同期させる

どんな条件の下でオルガンのパイプは同期するのか、なぜ同相でなく逆相に同期するのかが知りたくなりますが、近年こうした問題に実験と理論の両面から取り組んだ物理学者たちがいます。ポツダム大学（ドイツ）のマルクス・アーベルらのグループです。ポツダム市に本社があるオルガンメーカーからの援助で、オルガンパイプのミニチュアとオルガンの送風装置の模型が、この研究グループに提供されました。二本のパイプを接近して並べると、確かにレイリーの報告にあるとおりの現象が観測されました（次頁図7）。ただし、実験はレイリーのそれよりはるかに大がかりで精密なものです。一本のパイプから出る音を、そのすぐ近くに置いたラウドスピーカーから出る擬似的なパイプ音に同期させるという実験も行いました。パイプとラウドスピーカーの中間にマイクを置き、逆相同期のために音が弱くなるようすも詳しく調べています。

オルガンパイプの音という振動子を物理学の立場からまともに取り扱うのは、かなりた

図7　２本のオルガンパイプから同時に出る音の同期を調べる実験　縦長の二つの箱がパイプ。画面の右端にマイクが見える。（M.Abel and S.Bergweiler, J.Acoust. Soc.Am. 119, p.2467, 2006より）

いへんです。三次元空間の中での空気の流れは流体力学の法則に支配されますが、今の場合、パイプの内外でこれがどのような動きを示すかを調べるのは、高速コンピューターをもってしても容易なことではありません。

　しかし、近年の非線形科学者たちはまったく違った発想法で、このような複雑系の数学モデルを構成する単純な方法を考え出しました。アーベルたちが採用したのも、この方法です。それは実験から得られた大量のデータをもとにして、モデルの数式の形を決めるというやりかたです。もちろん、数式の形についてはあらかじめ一定の制約を加えておく必要があります。

　彼らはまず一本のパイプが発する音が振動子としてどんな運動法則にしたがうのか、それを数式で表そうと試みました。そのために、パイプの中のある場所で音による大気圧の変化分、つまり音圧という物理量に着目します。この音圧の時間変化を支配する運動法則を実測データから決めることを考えるのです。そのために、この運動法則がある単純な形の数式で表されるものと仮定します。これはあくまでも仮定ですが、じっさいに観測される音圧データがほぼ仮定された形の運動方程式にしたがって変動することが確認されるなら、物理的な実体を細かく調べなくても有用な数学モデルが得られたことになります。もっとも、この運動方程式には九個の定数が含まれていて、その値はあらかじめわかりません。それらの値をうまく選ばなければ、観測された音圧のデータをこの方程式で再現することはできません。幸い、コンピューターを用いてこの方程式を数値解析した結果、九個の定数の値を適当に選ぶことで、振動の一周期の間に得られた一一万二五〇〇個のデータがほぼ方程式によって再現されることがわかりました。つまり、音という振動子に対する一つの単純な数学モデルが得られました。このやりかたを少し拡張すれば、音と音との相互作用を記述する方程式を見出すことも可能です。それによって、実験結果を統一的に解釈することもできますし、「こうすればこうなるのでは」と、条件を変えたときの同期のしかたの変化や同期が破綻する可能性について、さまざまに予想することもできます。「音波が逆相に同期する」という性質を利用して、新しい技術を開発できないでしょうか。アーベルたちが後にコメントしていることですが、ある周波数の耳障りな音が風上から聞こえてくるとき、それと逆相同期する発音装置を置けば風下では静かになるのではないか、と期待できます。騒音と逆位相の音を生成し、それを耳障りな音にぶつけることで打ち消す方法は、すでに**アクティブ騒音制御法**として知られています。しかし、そこでは音と音がひとりでに逆位相で同期するという性質を積極的に利用しているわけではありません。この例に限らず、「リズムは同期を好む」という自然に潜む**自己組織化**の能力は新しい技術の原理として大きな可能性をもっているように思います。これについては本書の最後のほうであらためて取り上げる予定です。

ロウソクの炎という振動子

ロウソクの炎の揺らめきは、いのちの火を連想させます。燃えるロウソクが昔から科学者の興味を惹き付けてやまないのも、そこにいのちのきざしを見るからかもしれません。

マイケル・ファラデーが、ロウソクの科学を巡って一八六一年のクリスマス休暇にロンドンで行った連続講演は、後世にまで語り継がれるすばらしいものでした。講演の中でファラデーが触れているように、ロウソクの燃焼は呼吸に似ています。そこでは炭化水素の一種であるロウが空気中の酸素を消費しながら炭酸ガスと水に変化して捨てられます。それに似て、人間も動物たちも酸素を消費しながら栄養物を燃やすことで活動することができます。ロウソクも生き物も、「取り込んだ物質やエネルギーを化学反応によって別の形に変えながら外部に捨て去る」という点で共通しています。炎がいのちを連想させるのは、科学的にも十分根拠があると言えます。

炎が一定の形を保って静かに燃えているとき、燃料の供給とその消費は安定なバランスを保っています。しかし、このバランスが不安定になることがあります。すると、炎はリズミックに揺らぎはじめます。炎が振動子になるのです。どんなときにバランスが破れるかと言いますと、燃料の供給が速すぎるときです。燃料がどんどん供給されると、激しく燃えます。すると、炎の近くでは空気中の酸素が急速に消費されるために、そのあたりの酸素はたちまち乏しくなります。そのために、周囲から再び酸素が十分集まってくるまでは、逆に燃焼が抑えられることになります。酸素が十分な量に達すると、それを待ちかねていたかのように、またどっと激しく燃えます。そして、また酸素が足りなくなる。これをくりかえすことで、炎は周期的に揺らぐのです。炎が自律的に震えるのは、実はありふれた現象です。ガスバーナーからロケットエンジンの燃焼室に至るまで、燃焼という現象には振動が付きものです。この振動が機器の効率の低下など悪影響をもたらすことが多いので、燃焼の振動は工学の重要なテーマになっています。炎がこのように振動子としてふるまうなら、適当な条件の下で必ず同期現象も見られるはずです。しかし、なぜかその方面の研究はあまり進んでいません。リズミックな炎の同期が実験ではっきり示されたのは、比較的最近のことです。それはロウソクを用いた実験でした。

ロウソクの炎も同期する

直径が六ミリ程度の市販のロウソクでは、炎はリズムを示さないようです。静かな環境の下では、炎の形も明るさも一定です。これは芯を伝ってロウが十分ゆっくり供給されるからです。ロウの供給速度を上げて酸素の過剰な消費をうながせば振動が起こるはずです

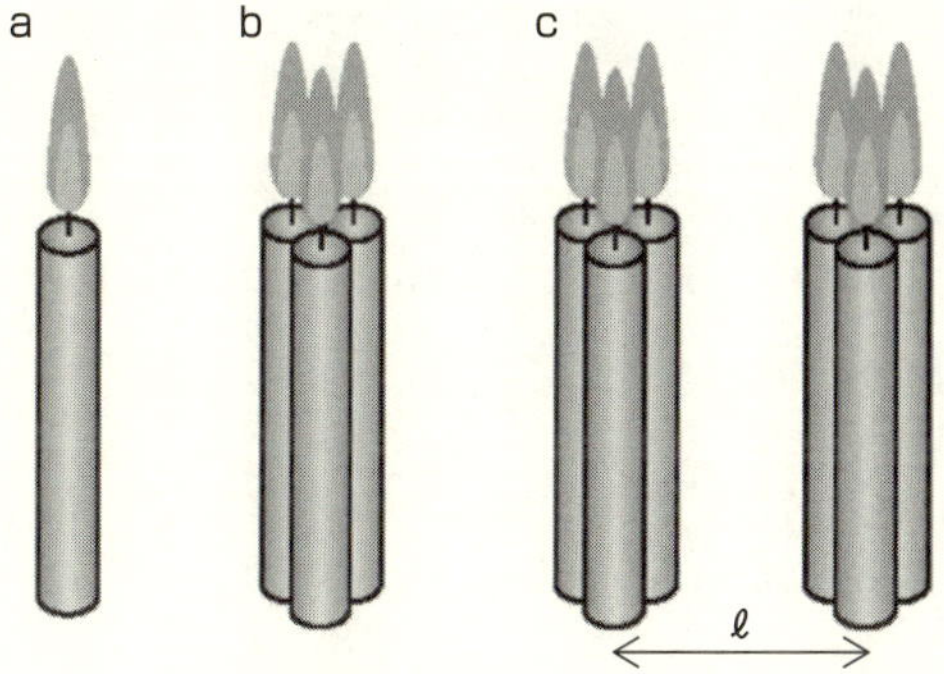

図8　ロウソクの炎の同期実験　市販のロウソク1本では炎は一定の形と明るさをもつ(a)が、3本を1束にすると、炎はリズムを示す(b)。この「太い」ロウソク2本を距離 ℓ だけ離し、それらがどのように同期するかを調べる（c)。(H.Kitahata et al.,J.Phys.Chem.A 113, p.8164, 2009より)

が、それにはどうすればよいでしょうか。

十数年前に、石田隆宏さんと原田新一郎さんという高校の物理の教諭の方が面白い現象を見付け、『化学と教育』という雑誌に寄稿されました。それによりますと、市販のロウソク一本では炎は確かにリズムを示しません。しかし、二本のロウソクを芯の間の距離が一センチになるまで近づけて並行に立てると、炎は同期して振動し始めました。もっとも、これは同期と言うより、二本を合わせることで実質的に芯の太い一本のロウソクになったと見るべきなのでしょう。太くなった結果、燃料の供給と消費の間の安定したバランスが崩れ、振動が始まったのだと解釈できます。日本古来のロウソクとして知られる和ロウソクについてはファラデーの講演にも登場しますが、芯が十分太い和ロウソクなら、そのままでもリズムが見られるでしょう。

これに着想を得てロウソクの炎の同期を詳しく調べたのは、千葉大学の北畑裕之さんらです。太いロウソクは振動子になるという予想から、市販のロウソクを三本束ねて一本のロウソクとしました（前頁図８b）。以下これを「太いロウソク」と呼ぶことにしましょう。太いロウソクの炎が、確かに振動子としてリズミックに揺らぐことをまず確認しました（千葉大学の北畑裕之さんによる『YouTube』の投稿動画「Oscillatory Combustion of 3 candles」を参照）。その周波数はおよそ一〇ヘルツ、つまり〇・一秒の周期なので、目にもとまらぬ速さで炎がチカチカ明滅します。スローモーション映像では、正確なリズムに乗って炎はフワッフワッと優美に伸縮をくりかえします。次に太いロウソクを二本用意しました。燃焼によるこれらのリズムがどんな場合に、どのように同期するか、あるいはしないかを調べるためです（前頁図８c）。二本を三〇ミリ以内の距離に立てると、炎と炎は互いを知っているかのように同時に伸び縮みをくりかえしました。つまり、同相に同期しました（同氏による『YouTube』の投稿動画「In-phase Synchronization of Oscillating Candle Flame」を参照）。ところが、間隔が三〇ミリから四八ミリの範囲内では、同期が逆相になりました（図9）。逆相に同期した炎をスローモーションで見ると、交互に腕を上方に繰り出す二人の優美な踊り手のようです（同氏による『YouTube』の投稿動画「Anti-phase Synchronization of Oscillating Candle Flame」を参照）。しかし、それ以上離れると、ロウソクはもはや同期しませんでした。二つの炎の自然周期は完全に同じではありえませんから、離れすぎて結合が弱くなれば、同期しなくなるのは当然でしょう。

ロウソクの間隔を変えるだけで同相同期と逆相同期がともに実現できるのは、とても面白いと思います。しか

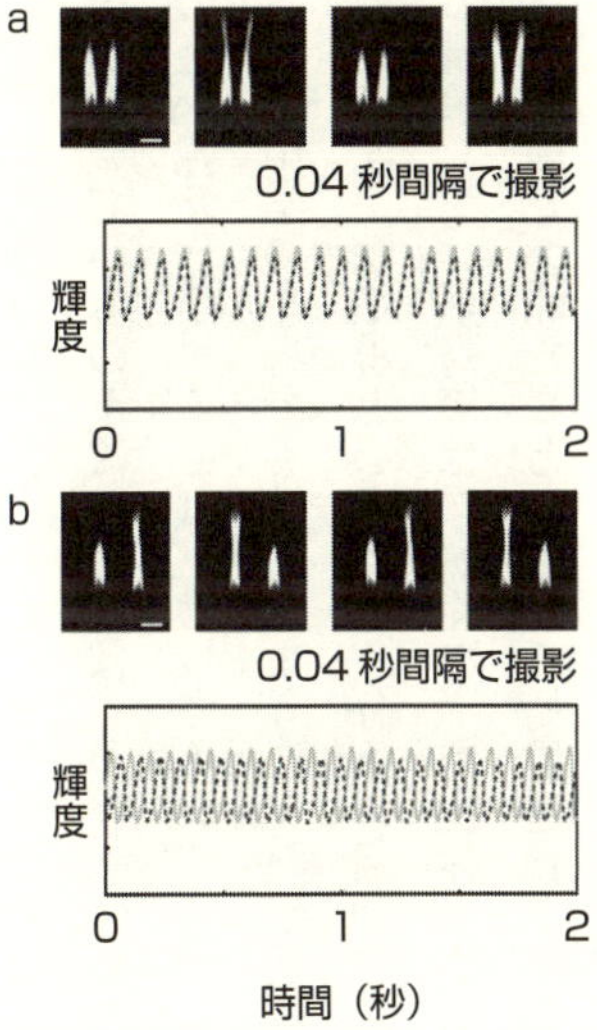

図9　同期する2本のロウソクの炎　近い距離に置かれたロウソクの炎はaのように同相に同期するが、ある距離以上に離れるとbのように逆相に同期する。（H.Kitahata et al., J.Phys.Chem.A 113, p.8164, 2009より〈一部改変〉）

し、その理由はすぐにはわかりません。ただ、二本のロウソクの間にどんな物理的相互作用が働いているのかについては、かなりわかります。まず、確かなこととして、ロウソクの炎が相互作用するのは、燃焼で生じる熱がもう一つのロウソクに伝わるからです。ところが、中学の理科でも教わるように、熱が運ばれる手段には三通りあります。伝導、対流、放射です。**熱伝導**というのは、分子の運動の激しさが次々に周囲に伝わることで熱が伝わる現象です。**熱対流**は、熱くなった流体が膨張して浮き上がり、浮き上がった流体が冷やされ収縮して沈むことで生じる循環運動が熱を運ぶ現象です。**熱放射**は、温められた物質が熱をともなう電磁波を放出する現象で、それを吸収する物質は内部エネルギーが増えて温度が上がります。

ロウソクの場合には、熱伝導は相互作用として重要ではありません。なぜなら、空気中の熱伝導が遅すぎるからです。ロウソク間の距離が数十ミリもあると、ロウソクの温度変化が熱伝導を通じて相互に伝わるのに要する時間は、振動の周期よりははるかに長くなります。したがって、同期のメカニズムとしては働いていないはずです。すると、相互作用の原因としては熱放射か熱対流、またはその両方ということになります。現在のところ、熱放射の効果だけを考慮に入れた数学モデルが提案されていて、それを解析することで、先に紹介したような現象は一応説明できています。しかし、熱対流も重要かもしれません。じっさい、北畑さんらによると、ロウソクの近くにラウドスピーカーを置いてその振動板を炎のリズムに近い周波数で振動させると、炎がそれに同期するそうです。これは空気の震えを通してリズムが相互に影響を及ぼすこと、つまり流体運動も同期の要因となりうることを示しています。

コオロギのコーラス

「音が同期する」と言う場合、二通りの意味があります。一つは、音波という波が波長を揃えることによる同期です。このタイプの同期はパイプオルガンの例で見たとおりです。それは何百ヘルツという高い周波数での同期です。しかし、人間の聴覚はそのような高周波を周期現象として感じることができません。感知できる振動はせいぜい音の強弱の変動です。オルガンパイプの音は、強度に関する限り一定でした。音の強弱は音波の振幅の大きさで決まります。空気が大振幅で震えれば大きい音になり、小振幅の震えなら小さい音

図10　コオロギのカンタン　秋に鳴く昆虫の代表格として知られる、体長11〜15ミリの平たいコオロギで、8〜11月に見られる。この呼び名は中国の古都「邯鄲」にちなんだ物語に由来する。
提供：読売新聞社

として聞こえます。時計の振り子が一定の振幅で往復運動するように、パイプから出る音波の振幅は一定でした。

しかし、音の強弱が周期的に変動する場合も、音は振動子になります。音の強弱は、もちろん音波の振動よりはるかにゆっくり変化します。「音のリズム」とふつうに呼んでいるのは、むしろこのゆっくりした振動現象です。音の強弱のリズムは互いに同期できます。その豊富な例が動物の鳴き声にあります。次に紹介するコオロギやカエルの鳴き声は、その典型です。

すだくコオロギに人々はさまざまな思いで耳を傾けます。その鳴き声は昔から和歌や唱歌にも数多く歌われてきました。科学者はまことに味気ないことに、コオロギの鳴き声をもっぱらメスに対するオスの求愛行動としてしか見ないようです。しかし、それはまたそれで想像力と探究心を刺激します。

コオロギは互いに鳴き声を揃えようとする傾向があります。これについては一九世紀の終わり頃から今日まで、多くの科学者が報告しています。注目された一つの研究として、米国の昆虫学者トマス・J・ウォーカーが一九六九年の『サイエンス（Science）』誌に報告した観察と実験があります。日本でも北海道から九州まで広く棲息するコオロギの仲間で、ルルルル……と美しい声で鳴くカンタン（中国の古都「邯鄲」に由来）と呼ばれるコオロギがいますが、ウォーカーが観察したコオロギはその仲間です。スズムシやマツムシの声も美しい声で知られていますが、カンタンの鳴き声はとりわけ美しく、そこにはかなさを感じる人も多いようです。

このコオロギのルルルル……は、やすり状の器官を備えた二枚の前翅をこすり合わせて発する音です。鳴くのはオスだけです。一匹のコオロギの鳴き声のパターン（次頁図11a）を見ると、それは断続音の連なりで、周期は常温でおよそ〇・五秒です。温度が上がると周期は短くなりますが、これが実に正確に温度変化に比例して変化するので、コオロギを

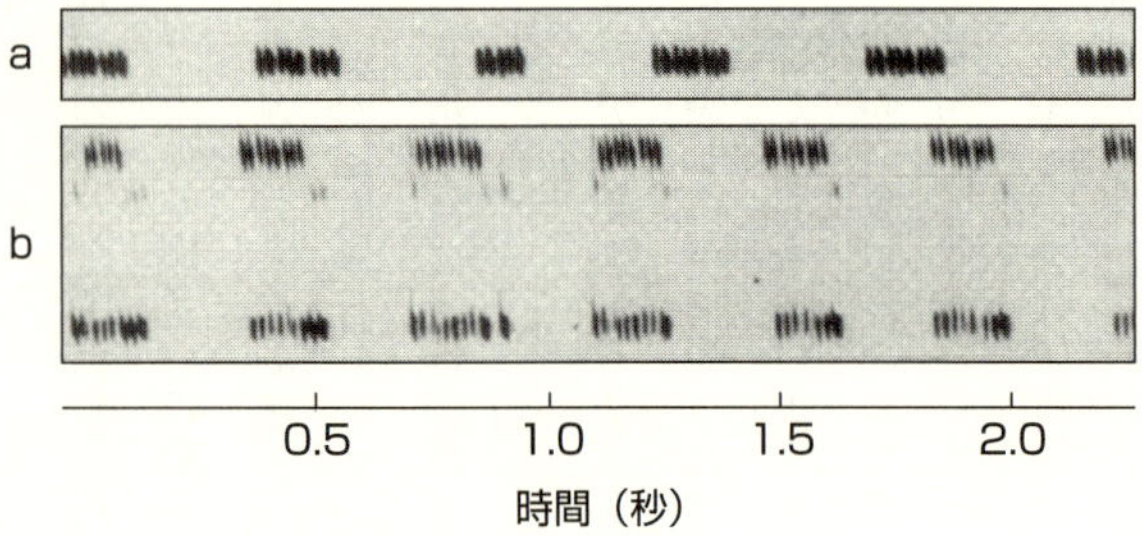

図11　コオロギの鳴き声のパターンと同期

a：１匹のコオロギの鳴き声。鳴き声の1ユニットは5本または8本のパルスから成っている。

b：2匹のコオロギは同相に同期して鳴く。（T.J.Walker, Science 166, p.891, 1969より〈一部改変〉）

温度計として使えると言われたことさえあります。断続音の各ユニット、すなわちルルルルル……の一つの「ル」は〇・二秒くらい持続します。

耳では聞き分けられませんが、断続音の各ユニットがさらに何本かの針状のパルスから成り立っているのが図からわかるでしょう。ユニットあたりのパルスの本数は八の場合が多く、時々五が現れます。オスコオロギの鳴き声に誘われて、メスコオロギが近づいてきます。コオロギに限らず、オスのリズミックな行動（発声、発光など）がメスを誘引する例は動物界に珍しくありません。

二匹以上のオスコオロギが寄り集まると、ルルルル……が同期します（図11b）。これは同相同期です。声を揃えることでリズムが強化され、リズムの規則性も向上します。そのために、メスを効果的に引き寄せるのだと考えられています。唱和するためには聴覚が働いているはずです。その証拠に、鼓膜を除去したコオロギは同期できません。

逆相同期するカエルの発声

昔から動物学者の関心を惹いてきたもう一つの同期発声現象として、カエルの発声行動があります。カエルは種類が豊富ですが、ヨーロッパスズガエルと呼ばれる中・東欧産のカエルについては、その社会行動が早くから調べられてきました。鈴の音のような鳴き声をもつこのカエルは、日本でもペットとして輸入・飼育されているチョウセンスズガエルの仲間です。背中をそらせて赤い腹を見せながら敵を威嚇するのが、その特徴です。

カエルの鳴き声は規則的な断続音です。カエルの視覚は弱く、目ではオスメスを区別できません。そこで、オスガエルは鳴き声によってメスを近くに引き寄せようとします。しかし、その戦略はコオロギとは対照的です。コオロギは鳴き声を揃えますが、カエルたちは互いに鳴き声の重なりをできるだけ小さくしようとする傾向があります。それぞれのカエルは他のカエルの鳴き声の間隙を補うように発声するのです。したがって、二匹のカエルに発声をうながすと、それらは交互に鳴く、つまり鳴き声はほぼ逆相に同期します。

繁殖期のカエルは、コオロギとは違ってグループで協力してメスを引き寄せることはしません。むしろ、オス一匹一匹が個別に自分の居場所をメスに知らせるように鳴きます。そのため、近くにいるカエルとはできるだけ鳴き声が重ならないように発声するのです。スズガエルやアマガエルは、鳴き声の時間的な重なりを避けるだけでなく、空間的にもひと塊になるのを避けます。彼らは互いに一定の距離を保っていて、動き回ることもしません。もっとも、ヒキガエルなどのようにメスを求めて右往左往し、オスどうしが激しく争う種類のカエルもいます。

日本の研究者による最近の研究も注意を惹きます。理化学研究所の合原一究さんは、物理の研究者の目でカエルの発声の同期を調べている点がとてもユニークです。合原さんは、発声しているカエルの集団を振動子の集団と見なして、これに位相モデルを適用して実験と比較検討しています。扱ったカエルはニホンアマガエルです。ニホンアマガエルは屋久島以北の日本全域に棲息するカエルで、四月から六月にかけての繁殖期に、水田など浅い水があるところで集団的な発声行動を見せます。それ以外の季節には、水辺の植物や森林の樹上で暮らします。非常に発達した吸盤をもっていて、コンクリートのU字溝をよじ登ることもあると言います。

図12　ニホンアマガエル　屋久島以北の日本全域に棲息する小型のアマガエルで、体長はオスが4〜5センチ、メスが5〜7センチ。指先の吸盤が発達している他、保護色の能力も高い。繁殖期は4〜6月。©PPS通信社

カエルのフラストレーション

逆相で同期発声するニホンアマガエルについて、合原さんはきれいなデータを得ていますので、それをまず次頁図13に示しておきます。彼が共同研究者たちと発表した仕事の一つに、いわゆる**フラストレーション**の問題があります。ここでは「フラストレーション」を物理用語として用いています。その意味をたとえて

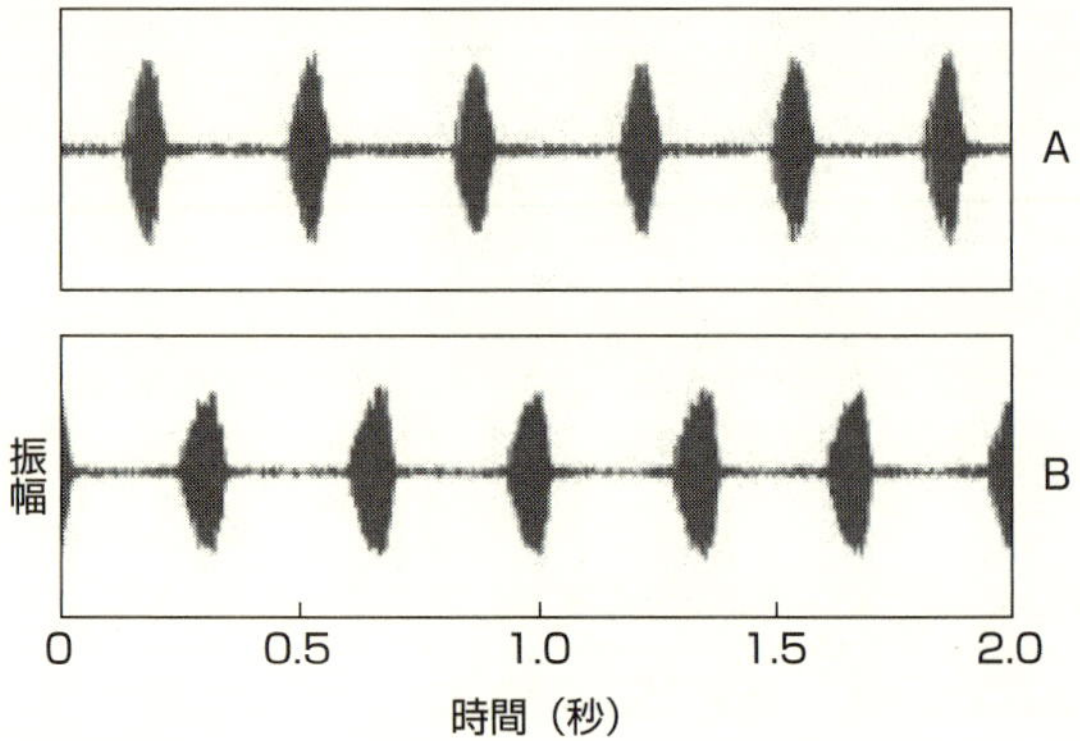

図13　2匹のニホンアマガエルAとBの発声パターン　両者はほぼ逆相に同期している。（I.Aihara et al., Phys.Rev.E 83, 031913, 2011より〈一部改変〉）

言うなら、二人のあまのじゃくがいて、一方が「暑い」と言えば他方は「寒い」と言います。そこに三人目のあまのじゃくがやってくると、彼は二人と正反対のことを言えなくて困惑するでしょう。あるいは、三人が三人とも、他の二人と正反対のことを言えなくて困ってしまうかもしれません。フラストレーションはこれに似た状況に対して命名された用語です。一般的な言いかたをすると、二者の間の最も安定した関係が三者以上になると実現できなくなるような状況、それがフラストレーションです。そこにどのような「妥協」が成立するかが興味の焦点です。じっさい、この種の状況に遭遇するさまざまな物理現象

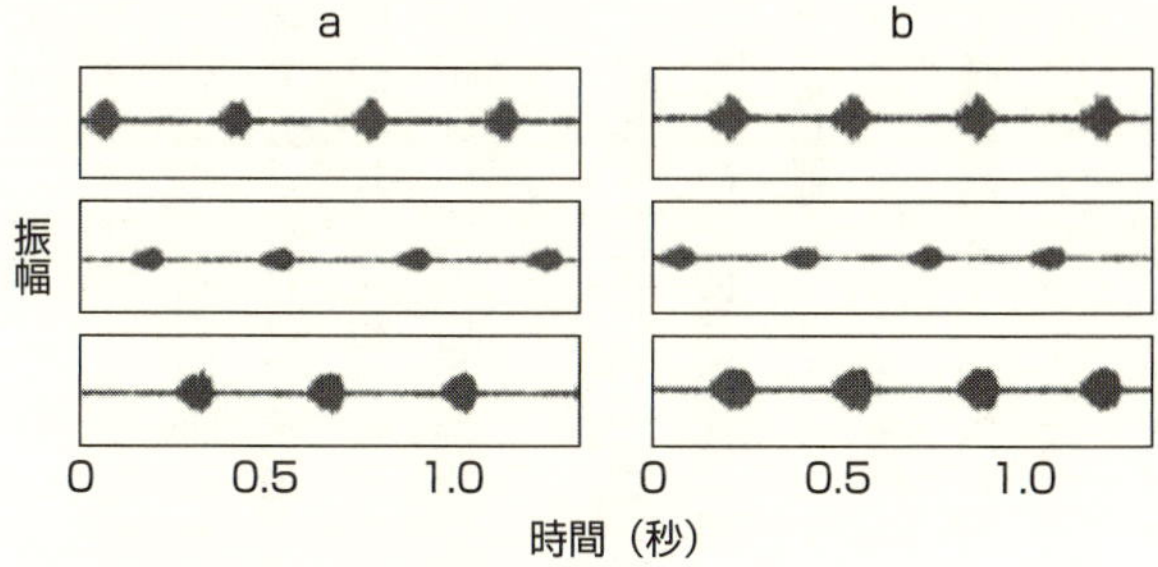

図14　3匹のカエルの同時発声

a：1/3周期ずつタイミングをずらして発声する場合。

b：2匹が同相、他の1匹がそれと逆相で発声する場合。（I.Aihara et al., Phys.Rev.E 83, 031913, 2011より）

が現実に存在します。それが容易には予見できない複雑な結果をしばしばもたらすことから、フラストレーションの物理は現代物理学の魅力的なテーマの一つになっています。

逆相同期するリズムにもこれに似た問題があります。カエルの場合で言いますと、二匹のカエルの発声が逆相に同期するなら、三匹を同時に鳴かせるとどうなるのかという問題です。その場合、三匹の中のどの一匹も他の二匹と逆相に同期するということは論理的にありえません。だとすれば、どのように妥協するのか。せいぜい三匹が平等に三分の一周期だけタイミングをずらすことで、発声の重なりをできるだけ小さくするのでしょうか。これは時間的に棲み分けられた三重唱です。ヨーロッパスズガエルの群れでは棲み分けられた四重唱、五重唱もあるそうですが、これを詳しく調べた研究は聞いたことがありません。

合原さんたちによると、条件によって二つの異なるパターンが見られました（前頁図14）。棲み分けられた三重唱で鳴くのが第一のパターン。三匹のうち二匹が同相で鳴き、他の一匹がそれと逆相で鳴くのが第二のパターンです。長時間観察していると、これら二つのパターンの間の切り替えが時々起こるそうですが、その理由はわかっていません。

あらゆる生き物に備わる体内時計

日々の生活と密接に関係しているリズムの一つに**体内時計**があります。この生理的なリズムは誰にも備わっています。体内時計を体内にある一つの振動子だとしますと、健常者ではこの振動子は昼夜のサイクルに正確に同期しています。体内時計は「**概日リズム**」とも呼ばれます。体内時計の自然な周期は一般に二四時間から少しずれているので「概日」なのです。体内時計がどの程度二四時間からずれているかについて、近年になされた注目すべき研究がありますが、それは後で紹介します。

体内時計が外界に同期しているときは、あたりまえのこととして、その存在はほとんど意識されません。しかし、それが何らかの原因で乱されると、同期のありがたさが身にしみてわかります。欧米など時差の大きい海外に出かけたことのある人なら誰でも、時差ぼけによる悩ましさを経験されたことでしょう。

体内時計はおよそどんな生物にも見られるリズムです。野の花々、昆虫、クジラ、ネズミはもちろんのこと、大腸菌やシアノバクテリアのような原始的な生物にもこのリズムはあります。三二億年前に出現したシアノバクテリアは、地球上で初めて光合成の機能を獲得した生物です。この事実から考えても、体内時計は生物進化のごく初期に形成されたものに違いありません。もっとも、地球が誕生した四六億年前には一日の長さはわずか五時間程度で、その後徐々に長くなって現在の二四時間に至ったと言われますから、シアノバクテリアの概日リズムも当初は今よりずっと早く、さまざまな生物も進化の過程で体内時計の周期をゆっくり変化させてきたのでしょう。

生物の体は昼夜のリズムを明暗のサイクルとして感じます。このサイクルはもちろん地球の自転というしごく安定な周期現象から来ています。そして、これに同期する体内時計は、究極的には遺伝子発現の周期的変動に由来します。つまり、細胞内分子の離合集散のリズムが天体運動のリズムに歩調を合わせているのです。そして、これら二つのリズムの仲立ちをするのが光です。体内時計のミクロな実体が何かについては第三章であらためて取り上げることにして、さしあたりはこれを個人あるいは生物の個体が一つずつ体内のどこかにもっていて、生理現象に直接影響を及ぼすマクロな振動子だと思って話を進めます。

さまざまな生理現象がこのマクロな振動子に連動しています。したがって、この振動子を昼夜のサイクルに同調させることは、生命活動にとって大きなメリットがあります。夜は眠くなり、体温、心拍、血圧なども低下します。昼間の活動時にはこれらは高く、栄養代謝も活発です。これらはセロトニン、アドレナリン、コーチゾル、メラトニン等の神経伝達物質やホルモンの分泌活動が昼夜で変動するためです。たとえば、夜間にはメラトニンの血中濃度が高まって眠気を催し、朝の目覚めとともにセロトニンのレベルが上昇するので意識がはっきりします。

鳥たちにとって体内時計は別の機能ももっています。いわゆる「**太陽コンパス**」の機能です。太陽コンパスとは、正しい方位を知るために一九世紀に開発された装置に対する呼び名で、方位磁石と違って磁気の影響で狂わされないという利点があります。それは太陽の現在位置と現在の時刻という二つの情報から正しく東西南北を割り出すための装置ですが、これと同じ原理を用いることで、鳥たちは飛んでいくべき正しい方位を知るのです。本物の時計のかわりに鳥たちが用いるのが、体内時計による時間感覚です。カラスは迷わずねぐらに帰り、渡り鳥はしかるべき時期にしかるべき方角に飛んでいきます。太陽コンパスは鳥だけでなく、アリやチョウなどさまざまな昆虫のナビゲーションにも用いられています。

多忙で不規則な生活に陥りがちな現代人に比べると、何世代か前まで人々は昼間屋外で過ごすことが多く、不自然に明るい人工照明を深夜まで浴びることもありませんでした。人々は今よりずっと従順に自然の明暗サイクルに沿った生活を送っていたはずです。自然のサイクルから逸脱しがちな現代人にとって、体内時計の研究はますます重要性を増しています。たとえば、栄養代謝のサイクルのおかげで小腸が糖を吸収する活発さは周期的に変わりますが、これに関する知見が深まれば欠食や夜食など食習慣の乱れと肥満との関連ももっとわかってくるかもしれません。昼夜交代勤務で働く人々や、遺伝子異常や視覚障害のために体内時計が正常に機能しない人々、昼夜をもたない宇宙飛行士の健康管理などにも体内時計の研究成果は大いに生かされるでしょう。

体内時計の自然周期はどうしたらわかるか

ところで、体内時計の自然周期、すなわち本来の周期は一般に二四時間ぴったりではありません。しかし、ふつうの生活を送っている限り、人は十分強力な明暗のサイクルにさらされていますので、体内時計は正確に二四時間周期に引き込まれて同期しています。では、その本来の周期はどうしたらわかるのでしょうか。そもそも、外界のリズムとは独立に活動する自律的なリズムがわれわれに備わっていることを、どうしたら証明できるのかも問題です。

これらを明らかにするために従来しばしば行われてきたのが**隔離実験**です。被験者を時間がまったくわからない環境の中で長期間生活させる実験です。遮断された外界の刺激は、太陽光だけではありません。確かに、体内時計に最も強く作用するのは光ですが、社会生活上のさまざまな刺激も体内時計の進み具合を変化させることが知られています。そこで、計時機器はもちろん、テレビ、携帯電話、新聞など、およそ外の世界の時間に関するヒントをあたえそうなものがすべて取り上げられます。人間活動にともなって電磁波も二四時間周期で変化する可能性がありますから、部屋に銅線を張り巡らせて外部からの電磁波を遮蔽する場合さえあります。このように生活環境を完全に一定にしても、体温やホルモンの分泌は周期的に変動し、そのリズムはいつまでも続くことが確認されました。その周期には個人差が見られましたが、平均すると成人では約二五時間で、加齢とともに短くなるという結果が得られました。個人差については、一時間くらい平均からずれるのも、ごくふつうと考えられていました。

ところが、チャールズ・A・ツァイスラーら米国ハーバード大学のグループが一九九九年に行った実験で、それまでの常識をくつがえす結果が得られました。それによると、ヒトの体内時計の自然周期は平均値が二四時間プラス一一分で、以前に信じられていたのよりはるかに二四時間に近いことがわかったのです。個人差も小さく、被験者の九五パーセントが平均値から一六分もずれません。実は、この結果は他の哺乳動物とそれほど変わりません。以前は、なぜかヒトだけが特別に長い周期と大きなばらつきをもっていると思われていたのですが、それは大いに疑問だと考えられるようになりました。

加齢によって体内時計の周期が短くなるという以前の考えも疑わしいようです。ツァイスラーらは被験者を二〇代と六〇代の二つのグループに分けて実験を行いましたが、両者で結果にまったく違いは見られませんでした。お年寄りが早朝に目覚めてしまうのは、少なくとも自然周期が短くなるからというわけではなさそうです。

では、ツァイスラーたちはどんな新しい実験を行ったのでしょうか。以前の実験のどこがいけなかったのでしょうか。過去の実験では、確かに外部世界からの影響は完全に遮断されていました。しかし、被験者は眠くなると部屋の照明を消して寝床に就き、目が覚めると明かりを点けることを許されていました。それはふつうの明るさの人工照明ですが、実はこれが周期を大きく狂わせてしまうというのです。それまでの隔離実験ではこのことを見逃していたというのがツァイスラーたちの主張です。じっさい、注意深い実験の結果、消灯点灯することで体内時計の周期が四〇分も伸びることがわかりました。

環境を一定に保つための手の込んだ実験をツァイスラーたちは行っていません。本来のリズムはもっと簡単なやりかたでわかります。ちなみに、一日が仮に二八時間に伸びたと想像しましょう。体内時計はこれほどの長い周期には決して同期できないことが知られています。まったく同期できないリズムは、その本来の姿を現すはずです。実験では、夜明けと日没のかわりに室内照明の点灯消灯によって一日が二八時間となる日々を人工的に作り出しました。その中で生活する被験者は一週間を六日で過ごすことになります。彼らは何時に就寝しようと起床しようと自由でした。目覚めているとき、どんな作業をしてもよいし、ぼんやりしていても構いません。こうした生活を一箇月間送り、彼らの体温、メラトニンとコーチゾルのレベルなどを計測し続けたのです。

被験者の意志や気ままな過ごしかたとは無関係に、彼らが示す生理的なサイクルは正直です。その生理的なリズムは、室内照明のサイクルにはまったく影響されていませんでした。その証拠に、たとえば照明が点灯する瞬間に体温のサイクルは一周期中のどんなステージにあるかを見ると、両者はまったく無関係で、特にどのステージにある確率が高いとか低いとかはまったくなかったのです。

この章では、主に二つないし、ごく少数のリズムの間に見られる同期現象に注目してきました。次章以降では、多数のリズムが集団として同期する現象に関心を向けたいと思います。そこで紹介する数々の実例を通じて、こうした現象が私たちの日常生活にいかに深く関わっているかが理解されるでしょう。

第二章　集団同期

ミレニアム・ブリッジの騒動

人間や生き物の集団は時に集団としてのリズムを示します。たとえリーダーがいなくても、多数のリズムが互いにタイミングを揃えることで、集団が一つの大きなリズムを自律的に生み出すのです。前章で見たように、二つの振動子の位相は互いに引き合う場合と反発し合う場合があり、引き合う場合には同相同期、反発し合う場合には逆相同期をもたらします。**集団リズム**は振動子の位相が揃う現象ですから、それが生まれるのは相互作用が引力タイプの場合です。たとえば、コオロギは鳴き声を揃えるので群れ全体が強いリズムを生み出しますが、カエルはなるべく声を揃えないように鳴きますから、カエルの群れがいっせいに鳴いてもガヤガヤするだけで、集団としては明確なリズムを示しません。

揺れやすい台に載った多数のメトロノームは、ひとりでに振り子の動きを揃えます。これにいささか似た現象として、つり橋を渡る歩行者たちの足並みがひとりでに揃うという現象があります。この現象ですっかり有名になったのが、ロンドンのテムズ川に架かるミレニアム・ブリッジです。群集の歩行が揃ってしまったために橋が大きく横揺れしてたいへんな騒ぎになったという事件です（『YouTube』では「Millenium Bridge」をはじめ、そのようすを撮影した複数の動画が投稿されています）。現在では修復されて問題はありませんが、ロンドンっ子たちはこの橋をいまだに「ぐらぐら橋（wobbly bridge）」と呼ぶそうです。

図15　ミレニアム・ブリッジ　新世紀の幕開けを記念するプロジェクトの一つとして建設された現代的なデザインのつり橋。©PPS通信社

全長三二五メートル、幅四メートルのミレニアム・ブリッジは斬新なデザインの歩行者専用のつり橋です。そのデザインはコンペで優勝した世界屈指のデザイナー、ノーマン・フォスターによるものでした。明石海峡大橋や横浜のベイブリッジなど近代的なつり橋では、仰ぎ見るように高い二本のタワー（主塔）があって、それに連結されたケーブルが橋桁を支えています。しかし、景観をできるだけそこなわないようにという配慮でデザインされたミレニアム・ブリッジでは、Y字型に両腕を広げた主塔の高さは橋床とほぼ同レベルに

抑えられています。したがって、ケーブルも大きく垂れることはなく、ほぼ水平に走っています。二本のY字型主塔は、あたかも二人の巨人が両手にケーブルの束をつかんで橋桁をつり支えているかのようです。テムズ川に架かるその橋の南側のたもとから眺めると、対岸のセントポールズ大聖堂が橋の左右のサポートを枠としてその中にすっぽりとおさまって見える仕掛けになっています。

ミレニアム・ブリッジの騒動は二〇〇〇年六月一〇日、その開通日に起きました。この橋の建設は新世紀の幕開けを記念するプロジェクトの一つでしたので、当日はエリザベス女王のテープカットでオープンしました。ところが、橋を渡る群集が数百人に達したところで、橋は明らかに揺れはじめました。初日は約九万人押しかけ、常時二〇〇〇人くらいの歩行者があったそうですから、橋は終日揺れ続けていたことでしょう。この出来事はわが国でもニュース番組で放映されたほどです。

ちなみに、この不名誉な事件以外にも、ミレニアム・ブリッジはフィクションの世界でもひどい目にあっています。映画『ハリー・ポッターと謎のプリンス』では、「デスイーター（死喰い人）」に攻撃されたミレニアム・ブリッジがひん曲げられ、中央から折れてテムズ川に落下するシーンがあります。

歩行の同期はなぜ起きたか

群集がつり橋の上を歩いている状況は、長い台の上に配置した多数のメトロノームが振り子を往復させている状況と似ています。ただし、つり橋の揺れは横揺れです。橋が右に振れると歩行者は無意識に右足を踏み出そうとし、左に振れるとつい左足を踏み出してしまいます。このようにして歩行が揃い、それが全体として大きな力を生んで、橋の揺れをますます増幅させるのです。

山間部の小さな川や谷に架けられたつり橋を渡るのは、とてもスリルがあります。かなり大きいつり橋でも、たとえば行進する軍隊がそれを渡るときには歩調を合わせないよう指示されるそうです。しかし、海峡や大都会の河川に架けられた現代的なつり橋は、ふつう安定しています。一九四〇年に強風のために崩壊したワシントンのタコマ橋をはじめとして、自然災害や過大な加重、老朽化などのためにこれまで多くの橋が崩壊しました。そうした経験から、橋の安定性に関する構造工学は十分ノウハウを蓄積してきたはずです。

なぜ、最先端の知見と技術を駆使したはずのミレニアム・ブリッジに大きな盲点があったのでしょうか。

強い力が橋を周期的に揺さぶり、それが橋の**固有振動**、つまり橋が最も敏感に反応する周期の振動と共鳴することで大きな揺れが生じたというだけなら、話は簡単です。それは、東日本大震災の揺れが首都圏の高層ビルの固有振動と共鳴して、それを大きく揺るがしたのと原理は同じです。タコマ橋の崩壊も、共振の過程はそれほど単純ではなかったにしても、これと同じ現象です。しかし、ミレニアム・ブリッジの事件の本質は別のところにあります。そもそも、橋と共鳴するような大きな力がなぜ生じたかということこそが問題なのです。軍隊が歩調を揃えて行進したわけではなく、ゴジラが歩いたわけでもありません。ばらばらなはずの人々の歩行がひとりでに揃って大きな力を生んでしまったメカニズムとは何であるかが問題なのです。リズムの集合体が一つの大きなリズムとしてふるまうという可能性については、少なくとも一部の理論家の間では一九六〇年代から知られていたはずです。しかし、その知識が科学者や技術者に広く行き渡っていたとは思えません。そこに盲点があったのかもしれません。

群集の歩行がひとりでに揃ったためにつり橋が揺れて問題になったというケースは、ミレニアム・ブリッジの事件よりずっと以前に、日本でもありました。橋梁の構造工学の専門家である東京大学の藤野陽三さんは、一九九三年にすでにこの種の事例を国際学術誌に報告しています。それは埼玉県戸田市にあるT橋に関するものでした。この橋は一九八八年に開通したつり橋で、漕艇場に架かった橋ですが、ボートレースが終わると群集がこの橋を渡るので非常に混雑します。同時に二〇〇〇人もの人で埋め尽くされたこの橋が、群衆の足並みが揃うために大きく揺れてしまうのです。それはミレニアム・ブリッジの場合と同様に、およそ一秒程度の周期での横揺れでした。もっとも、人身事故があったわけでもなく、ボートレースの常連にとっては慣れっこのことだったのかもしれませんが、一般の歩行者にとってはあまり愉快なことではないでしょう。この揺れは液体の抵抗を減衰力として用いる液体ダンパーを多数取り付けることで鎮められました。

藤野さんはミレニアム・ブリッジの修復にあたってもアドバイザーとして呼ばれたそうです。台風や地震など自然災害の多いわが国では、橋梁や高層建築の振動防止については非常に研究が進んでいて、その方面の技術水準は世界のトップと言われています。藤野さんの実績が注目され、助っ人として急遽招請されたのでしょう。同氏はミレニアム・ブリッジにふさわしい先進的な修復法として、橋の揺れを打ち消すように逆位相の力を加えるアクティブ制御による方法を提案しましたが、結果的には液体ダンパーによるオーソドックスな方法が採用されたそうです。

歩く人を振動子と見なすのは、かなり荒っぽい見方かもしれません。しかし、同期現象の面白さは、モノを選ばず、リズミックにふるまうものなら何にでも出現するというところにあります。人の歩行には意識の介入が大きく影響するのではないかと思われるかもしれません。しかし、ミレニアム・ブリッジの上で、歩行者は他人の足の動きや全体状況を眺めてそれらに影響されたわけではないでしょう。メトロノームの振り子がその場その場での台の揺れを「感じ」ながら機械的にそれに反応したように、歩行者はただ足元の揺れに機械的に反応して、バランスを保つための体勢を取ったに過ぎないのでしょう。

ひとりでに揃う拍手

拍手も歩行と同様のくりかえしの動作です。意志に左右されやすい点でも歩行に似ています。しかし、拍子を合わせるつもりもないのに、コンサートホールで聴衆の拍手がひとりでに揃うという現象があります。最初はばらばらだった拍手が、次第にザッザッザッと揃ってくるのです。これはわが国ではそれほど頻繁には見られない光景ですが、東欧の研究者によると、当地では珍しくないそうです。これには文化的背景が関係していると考える人もいます。それと関係があるかどうかわかりませんが、冷戦時代の共産圏諸国では、政治的な集会などで指導者の演説に送られる拍手が揃うのは、ごくふつうだったようです。それがいかにもありそうだということは、何となくわかります。

静かな環境の下での一個人の拍手は、どんな性質をもつリズムでしょうか。個人に長時間拍手してもらって、そのリズムがどんな統計的性質をもっているかを、二〇〇〇年にルーマニアやハンガリーなど東欧の科学者たちが中心になって調べました。その研究から興味深い事実がわかりました。それは、拍手には遅いモードと速いモードの二種類があるという事実です。歩くモードと駆け足のモードを人が使い分けるように、拍手についても人は時と場合によって二つのモードを使い分けているようです。

多数の被験者の一人一人に自由に拍手してもらうという実験からわかったことですが、

遅いモードでは人は一秒間に二回くらいのペースで手を叩きます。もちろん、個人差がありますし、同じ人でも気分や体調で周期はばらつくでしょうが、そのばらつきの幅は周期の平均値と比較するとかなり小さい値にとどまります。つまり、かなり規則的です。一方、速いモードは遅いモードの約二倍の速さ、すなわち一秒間に四回手を叩きます。規則性も遅いモードに劣ります。自然周期のばらつきが小さければ振動子は互いに同期しやすく、大きければそれだけ同期しにくいという事実があります。したがって、遅いモードを聴衆が用いれば拍手は揃いやすく、速いモードを用いれば揃いにくくなることが予想されます。

映画『ロッキー4』で、敵地のリングで死闘を制したロッキーに対して、貴賓席からおもむろに立ち上がった相手国の要人たちが送る拍手。それは遅いモードの拍手でしょう。このモードが、たとえば独裁者の演説に対して礼儀正しく賞賛を表明するために用いられるなら、容易に集団同期が起こるでしょう。しかし、この場合でも、一、二、三の掛け声で手拍子を合わせるのでない限り、最初はばらばらのはずです。その中から時間的な秩序がひとりでに出現するのですから、これはやはり人々の意識を超えた現象です。

一方、速いモードは個々人がその感動を自由に表明しようとするときに用いられるようです。ばらつきの大きいこのモードは、集団同期を壊します。ですから、感動的なパフォーマンスが終わった直後に沸き起こる嵐のような拍手が、すぐに同期することはないでしょう。しかし、ルーマニアとハンガリーにおけるいくつものコンサートホールやオペラハウスで採取されたデータによりますと、最初ばらばらだった拍手が一〇秒ばかり続くと、それは揃ってきます。ところが、拍手が長く続く場合、このように揃った拍手が一〇秒ないし二〇秒続くと、それはまた乱れるのです。同期と非同期のこのようなくりかえしが何度か起こることが報告されています。これは聴衆の拍手が速いモード（同期しにくいモード）から遅いモード（同期しやすいモード）へ、次いで速いモードへと、二つのモード間を何度か行き来することを示しています。拍手の同期は日本ではあまり見られないと言いましたが、ライブハウスに足しげく通う人から最近聞いた話では、しばしば目撃されることとして、ハードロックバンドの演奏後、アンコールを求めて沸き起こる拍手が同期と非同期の間を何度か往復するそうです。

しかし、人々はなぜモードを何度も切り替えるのでしょうか。どんな心理がそこに働くのでしょうか。最初の感動を表明した後、聴衆が急に冷めてしまうわけではないでしょう。

むしろ、遅いモードが同期を生じることをそれとなく知っている聴衆は、感動を皆が共有しているというメッセージをパフォーマーに伝えたいので遅いモードに移るのかもしれません。ところが、データの解析からわかったことですが、強弱の変化を時間的に平均化すると、その音量は拍手が揃うことでかえって小さくなるのです。これは熱烈な感動の表明にはふさわしくありません。これが持続すると、会場の雰囲気は白けるかもしれません。そうすると、また速いモードに戻ろうとする……。これはこの実験を行った研究者たちの解釈ですが、彼らはそれを根拠づけるための心理学的研究にまで踏み込んでいるわけではありませんから、ほどほどに受け取っておくべきかもしれません。この普遍的な現象を惹き起こす心理的機微は何なのか、今後の研究を待ちたいと思います。

ホタルの見事な光のコーラス

光を放つ生き物と言えば、まず思い浮かべるのがホタルです。夜光虫やホタルイカ、深海魚の多くやある種のキノコなど、発光する生物は他にもいろいろあります。しかし、ホタルほどよく発達し、複雑精巧な発光器をもつ生物は他にありません。しかも、多くの発光生物が外敵から身を守ったり、えじきをおびき寄せたりするために光るのとは違って、ホタルの発光は仲間と交信するためのシグナルです。規則的な明滅のシグナルは、仲間の存在を知らせる上で好都合でしょう。明滅しているホタルの一匹一匹はリズムを刻むメトロノームと同様に、一つの振動子と見ることができます。そうだとすれば、過去何百年にもわたって人々を不思議がらせてきた現象、すなわちホタルの大集団が明滅を同期させて一つの巨大な光のリズムと化す現象は、決して不可解ではありません。

ホタルが繰り広げる見事な光のコーラスについて歴史上初めて正確な記述を残した人は、博物学者であり医師でもあったエンゲルベルト・ケンペルでしょう。ホイヘンスはオランダの黄金時代と言われる一七世紀に活躍した人でしたが、ケンペルもほぼ同時代の人で、ドイツ人ながらオランダ商船に乗ってはるばる東洋を訪れ、東西文化の交流に大きな足跡を残しています。彼の名はフィリップ・フランツ・フォン・シーボルトとともに日本人には特になじみが深いものです。ともにオランダ商館付医師として鎖国下の日本を訪れた人たちでした。ケンペルは日本の文物や自然（特に動植物）をヨーロッパに広く伝えたので、一八世紀のヨーロッパでは日本に関する最大の情報源が、ケンペルの残した記録だったとさえ言われます。

そのケンペルが、東インド会社の基地があったバタヴィア（現在のジャカルタ）からシャム（現在のタイ）を経由し、長崎を訪れる旅の途中で目撃したのが、アジアボタルの集団発光でした。ケンペルはタイの古都アユタヤから南下し、現在のバンコクを経て海に出るのですが、バンコクからタイ湾に向かう途中、チャオプラヤー川沿いにその光景を目撃したのです。マングローブの枝葉にびっしりと張り付いた無数のホタルが、驚異的な正確さで同期して明滅をくりかえすさまを描写しています。この記述はケンペルの没後に出版された彼の著作『日本誌』に見られます。この著書自体は、長崎から江戸へ参府したときの長旅の途上で見聞きしたことがらなどをはじめとして、当時の日本社会や自然に関する記述が主な内容となっています。しかし、その一部にアユタヤから長崎に至る旅の記録があって、そこにホタルが登場するのです。

バックが目撃したもの

ホタルの発光の研究に関しては誰もが認める世界の第一人者、米国の動物学者ジョン・

バックの功績は偉大です。ジョンズ・ホプキンス大学の学生だった頃にたまたま目撃したホタルの発光に魅せられ、九二歳で亡くなる二〇〇五年までの生涯をこの分野の研究に捧げた人です。

バックは、一九六〇年代にタイをはじめとしてボルネオやパプアニューギニアへも出向いて、ホタルの集団発光を観察しています。その中に、ケンペルが訪れた地点を再訪したときの報告があります。ケンペルが目撃した種類のホタルが棲息するのは、マングローブが密生するチャオプラヤー川沿岸ですが、マングローブは泥地に茂っているために徒歩では接近できません。しかし、チャオプラヤー川はその水位がタイ湾の潮の干満とともに変化するいわゆる感潮河川なので、水位が上がったときはマングローブの茂みにボートで接近できます。

バックの注意深い観察によりますと、ホタルの大規模な明滅のコーラスは、かつて一部の人たちが主張した目の錯覚でもなければ、光のコーラスを指揮する特別なホタルがいるわけでもありません。ホタルが互いに発光のタイミングを調節し合うことで見事なユニゾンを達成しているのは、疑いようがないのです。同期するのはオスのホタルだけです。バ

図16　ホタルの集団発光　マングローブの木に群がって明滅するうちに集団同期を起こし、集団発光に至るホタル。
提供：朝日新聞社

ックが用いた光度計の感度でとらえられる範囲内では、集団は平均して〇・五六秒間隔で発光をくりかえし、この間隔の誤差はプラスマイナス〇・〇〇六秒という驚くべき正確さでした。一回の発光は数十分の一秒くらいしか持続しません。持参した毎秒一六コマの映画用撮影機では、フレーム間の空白時間帯に時々ホタルが発光するため、発光の映像が欠落するほどでした。

　発光と発光の間の時間帯は真っ暗闇です。まぶしいほどの一瞬の輝きの直後に暗黒が訪れます。一本の木だけでなく、森全体が唱和する光の一大コーラスです。それぞれの木には無数のホタルがほぼ均一に群がっています。それらは通常、葉や枝にとまったまま身動きしません。時折枝から枝へ、または木から木へ飛び移るホタルも見られ、飛翔している間は発光のリズムが変化し、すばやくチカチカと光ります。しかし、集団のリズムはそれにはまったく影響されません。

バックは採取した五〇匹のオスボタルを宿に持ち帰り、明かりを消した部屋に放ってみました。五〇匹では明るさが十分でないせいか、残念ながらグループ全体での同期は起こりませんでした。あるいは、居心地の悪い天井にとまらざるをえなかったせいかもしれません。しかし、互いに近接して天井にとまった二匹ないし三匹の小グループの間では、同期した発光が見られました。身動きせずに同期して発光している二匹のホタルの間に障壁を立てると、とたんに同期は破れて速く不規則に光りはじめ、二匹とも落ち着かないようすでもそもそと動きはじめます。

日本人にとって、ホタル狩りは時代を超えて愛でられる夏の風物詩です。しかし、身近に見るホタルはアジアボタルのように目を見張るような集団リズムを示しません。じっさい、そうした見事な同期を見せるホタルは、ホタルの中でも例外的です。そもそも世界中には二〇〇〇種類ものホタルがいます。日本だけでも四〇種類を超え、発光のパターンも種によってさまざまです。最もポピュラーなゲンジボタルは日本の固有種ですが、そのオスはアジアボタルのようにじっとしたままピカッピカッと鋭く光るのではなく、飛翔しながらゆるやかに明暗を変化させます。気象条件にもよりますが、五メートルくらいの範囲内なら仲間どうしでリズムを揃えて光るようです。

ホタルは何のために同期するのか

バックをはじめ、ホタルの生態や生理の研究にたずさわる米国の研究者は数多くいます。しかし、東南アジアなど遠隔の不便な地にたびたび足を運ぶのは、並大抵ではありません。幸い、北米には大規模な集団発光を示すホタルが棲息しています。中でも、テネシー州とノースカロライナ州にまたがるグレート・スモーキー山脈国立公園に棲むホタルの発光は圧巻です。発光の季節には、それを見るために大勢の人が訪れます。ホタルの行動や生態を調べたり、解剖学的・生理学的な研究を行う上で、このホタルの存在は研究者にとっても貴重です。

その発光のパターンはチャオプラヤー川のアジアボタルより複雑です。典型的には、〇・五秒間隔のフラッシュが六回、つまり三秒間続いた後、七秒間光りません。そして、

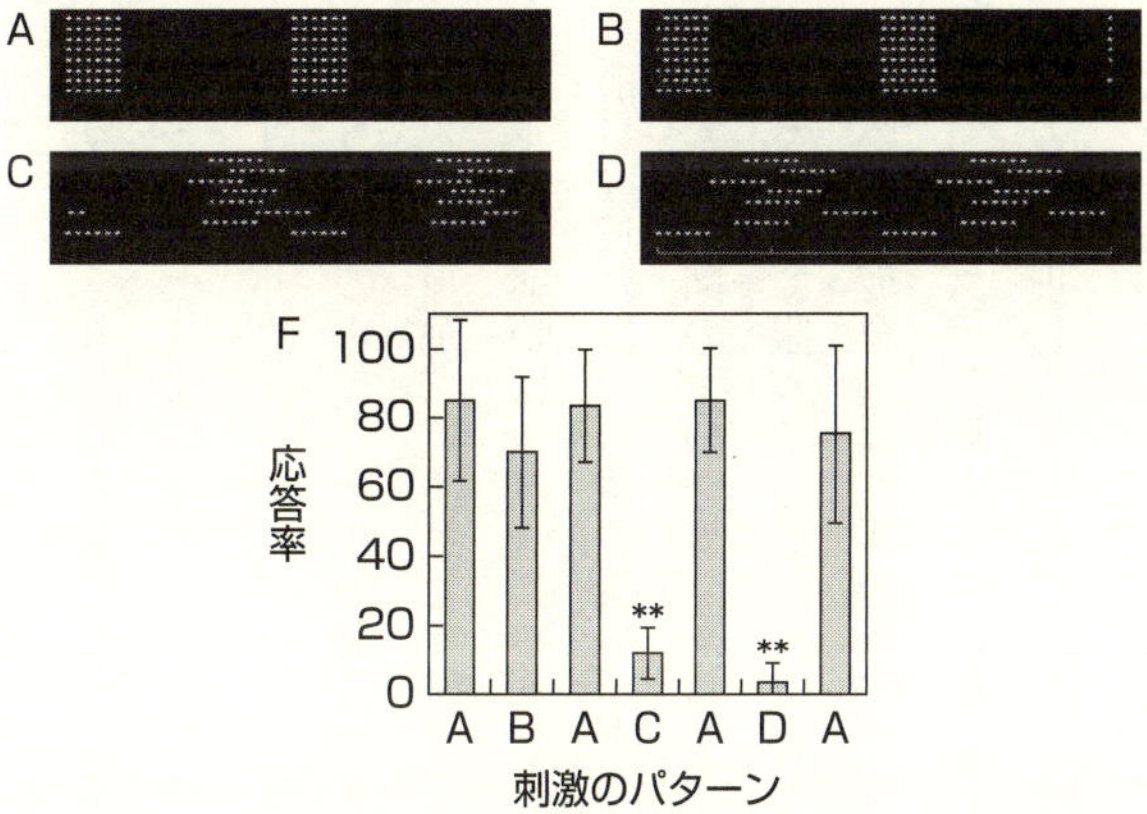

図17 「オスボタルは何のために同期して発光するのか？」を調べるための実験 1匹のメスボタルをオスボタルのように発光する8個のLED発光体が取り囲んでいる。8個の擬似的オスボタルによる4種類の発光パターンがA～Dで示されている。Fはそれぞれの発光パターンにメスボタルが反応する確率を示している。（A.Moiseff and J.Copeland, Science 329, p.181, 2010より〈一部改変〉）

再び〇・五秒間隔のフラッシュが六回、それに続いて七秒間沈黙、というパターンです。これは二種類の基本的リズムから成る複合的なリズムで、〇・五秒という短い周期と一〇秒の長い周期を含んでいます。このホタルが集団を形成すると、長いほうの周期で同期するのはもちろんのこと、短いほうの周期でも同期します。

ところで、ホタルは何のために同期して発光するのでしょうか。理由はそれほど明らかではありません。種によってその目的も違うのかもしれません。最近の研究によると、グレート・スモーキー山脈のホタルについてはかなりはっきりしたことがわかってきました。それは米国コネティカット大学のアンドリュー・モイセフとジョージア南大学のジョナサン・コープランドによる次のような実験からです。彼らは一匹のメスボタルを八個のＬＥＤ発光体で取り囲んでみました。ＬＥＤはどれも本物のオスボタルの発光パターンにそっくりの光を放出します。これら八個の擬似的オスボタルが、集団として揃って発光するか、それともばらばらに発光するかで、メスボタルの反応がはっきり異なることがわかったのです。

前頁図17には、八個の擬似ボタルの発光パターンとして四つの異なるケースが示されています。同図の下のグラフからわかるように、メスは擬似的オスボタルたちが同期して発光する場合に限って、それに応答します。同期がほんの少し乱れても、それに敏感に反応して応答の度合いは低下します。ばらばらの発光に対しては、ほとんど関心を示しません。もしも、メスが一匹のオスに注目しているなら、たとえそのオスが仲間と同期していなくても、規則正しく発光している彼の呼びかけに応えるはずです。しかし、じっさいにはそうなっていません。なぜかは不明ですが、メスが認識するのは、あくまで集団全体としての発光パターンなのです。

モノの違いを超えるリズムと同期

これまでに紹介した集団リズムのいくつかの例で、リズムを担っているモノは何だったかを振り返ってみます。それらはメトロノーム、歩行者や拍手する聴衆、発光するホタルというように実にさまざまで、ほとんど無制約と言えるほど対象は多様です。同じ人間でも、歩行もすれば拍手もします。このように、モノとしてそれが何であるかに関して自然はいたって無頓着で、リズム（ミクロリズム）が多数寄り集まりさえすれば、自然はそれを一つの大きなリズム（マクロリズム）にまとめ上げようとするのです。集団のマクロリズムが思いがけない形で自然や人間社会に見出されることが、最近ますますわかってきました。生命活動に関係した集団リズムの豊富な例は、次章以降で紹介します。

リズム現象や同期現象に限らないことですが、対象を選ばず至るところに同型の構造を出現させる不思議とも言える力が自然にはあります。この事実を言い表すのに最も適した言葉は、数学の言葉です。なぜなら、数学がやはりモノに無頓着だからです。したがって、ミクロリズムの集団からマクロリズムが生まれるという普遍的な現象についても、それを数学的な言葉で記述しようとするのはごく自然です。そうすることで、モノとしての違いに目を奪われることなく、同じ言葉で現象を語ることが可能になります。話が再び現実から離れますが、次にそのための一方法を紹介します。

集団リズムを幾何学的にイメージする

円周上を走り回る粒子たちによってリズムと同期を記述するやりかたを前章で紹介しました。そして、これを位相モデルと呼びました。復習を兼ねながら、位相モデルによるイメージを集団リズムに適用してみましょう。

振動子が二つの場合には、円周上を走る二個の粒子を考えました。それぞれの粒子を自由に走らせたときの回転周期、つまり振動子の自然周期は、両者で多少とも異なるとするのが現実的です。そうすると、もし両者の間にまったく相互作用がなければ、同じ地点からいっせいにスタートさせても、やがてそれらはばらばらに離れます。しかし、互いに影響を及ぼし合う場合には、相手を一定範囲内に引きとめ、一体となって回転することがで

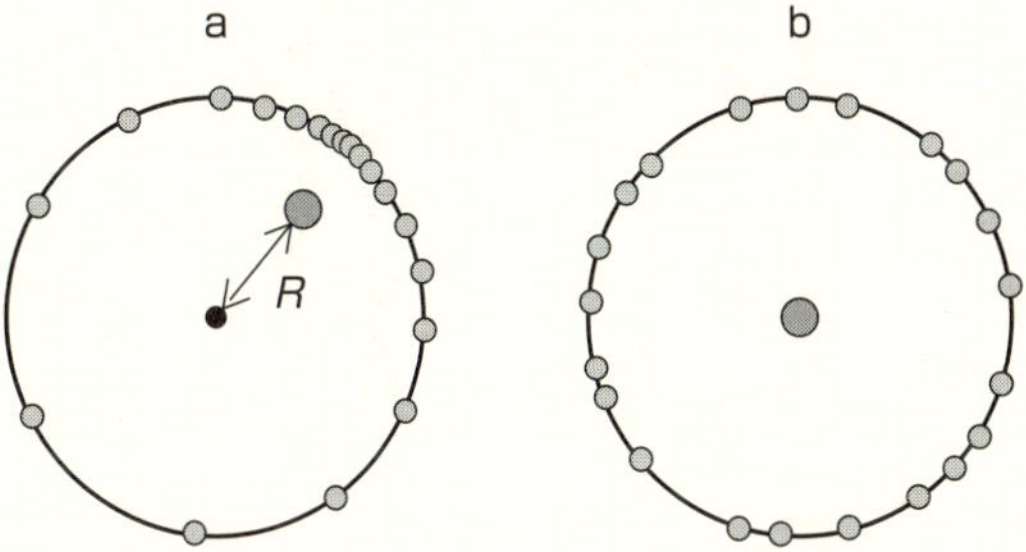

図18　集団振動の幾何学的イメージ　aのように分布に偏りができると集団振動が存在するが、bのように一様にばらつくと集団振動は存在しない。Rは粒子群の重心と円の中心との間の距離を示し、集団振動の振幅の目安をあたえる。

きます。これが同期の基本的イメージでした。互いに引き合うような相互作用なら、両者はできるだけ接近した状態で走り続けるでしょう。これが**同相結合**です。自然周期が完全に等しくない限り両者が完全に並走することはありませんが、周期の差が十分小さければ、両者の間隔はそれにほぼ比例した小さい値にとどまります。

リズムの大集団を表すには、単に円周上を回転する粒子の数を増やすだけです。たとえば、揺れる台の上で一〇〇個のメトロノームの振り子が往復運動しているとします。その状況に対応して、一〇〇個の粒子が円周上を回っていると想像するのです。すべてのメトロノームの振り子が完全に揃って振れている状況は、一〇〇個の粒子が一点に集中して回転している状況に対応します。しかし、メトロノームの自然なピッチがばらついているなら、振れのタイミングもばらつくはずです。それでも、相互作用の結果として、ピッチに関する限りは完全に一致するでしょう。つまり、その場合一〇〇個の粒子は一点には集中しませんが、互いが引き合う力のおかげで、相互の位置関係を保ったまま一体となって回転することになります。

しかし、ほぼ同じピッチに調整したメトロノームならともかく、拍手する一〇〇〇人の観客とかミレニアム・ブリッジ上の群集の場合、群集の間にいかに相互作用があるとは言っても、全員が完全に同じペースで手を叩いたり歩を刻んだりするのは不可能でしょう。円運動のイメージに戻れば、粒子によってはその自然の回転速度が速すぎるために、一体となって回転している粒子グループがそれを引きとめようとしても、先走ってしまったり、逆にペースが遅すぎてそのグループに引っ張られながらも、ついには脱落することもあるでしょう。しかし、このように仲間と同期できないメンバーがいくらか存在しても、一体となって回転している粒子群の塊が存在する限り、集団はマクロなリズムを示します。もちろん、あまりにメンバー間の自然周期のばらつきが大きかったり、互いに引き合う力が弱すぎたりすれば、この塊も崩れ出し、ついには全体がばらばらになって集団としてのリズムは消えます。

しばしば最大の関心事となるのは、集団リズムが存在するか否かです。粒子の円運動を記述する言葉を用いて、集団リズムのあるなしはどのように言い表されるでしょうか。91頁図18ｂのように、もし粒子の分布がまったくランダムで円周上にほぼ一様に広がっているなら、集団全体としてはどんなリズムも示していないと見なすことができます。歩行者の足並みが完全にばらばらなためにつり橋がまったく揺れないのは、こうした状況に対応します。逆に、同図ａのように粒子が寄り集まっていて、その塊が一つの大きな粒子のように回転しているなら、それは集団リズムが存在する状況に対応しています。ミレニアム・ブリッジではこれが起こりました。

集団リズムが存在するか否かだけではなく、その強さを表現するにはどうすればよいでしょうか。そのためにまず、粒子の質量はすべて同じだとしましょう。そして、粒子集団の重心がこの二次元平面のどこに位置するかを考えるのです。重心の運動が集団の運動を代表しています。たとえば、粒子が円周上にまったく均一に広がっているとします。すると、重心は円の中心に一致します。すべての粒子は相変わらず回転しているにもかかわらず、この重心は動きません。すなわち、集団振動は存在しません。逆に、すべての粒子が円周上の一点に集まって回転しているとしましょう。重心はまさにこの一点に一致し、それは最大の振幅で回転することになります。重心と原点との距離をRで表しましょう。円の半径を1とすると、Rの最大値は1で最小値は0です。一般に粒子の分布は広がりますが、広がりの程度に応じて、Rは0と1の間で変化します。分布が広がるほどRは小さくなる、つまり集団振動の振幅は小さくなります。

「平均場」という考えかた

以上は、多数の振動子が具体的にどんなつながりの構造をもっているかということとは無関係に言えることでした。現実の振動子集団では、メンバー間のつながりかたはさまざまです。最も単純なケースとして、個々のリズムが非常に多数のリズムの影響を平等に受けている場合が考えられます。台の上で揺れている多くのメトロノームや、発光しているホタルの群れや、つり橋を歩く群衆などはその例です。そこでは一つのリズムが多数のリズムの影響下にあると同時に、一つのリズムが多数のリズムに影響をあたえています。たとえば、拍手する聴衆の一人は聴衆全体の拍手を感じると同時に、自分の拍手はかなり遠くの聴衆にまで届きます。マングローブに群がったホタルのどの一匹も、多数のホタルが放つ光の総和を各瞬間に受け取っていますし、それぞれのホタルが放つ光を多数のホタルが受け取るでしょう。

こうした状況を理想化しますと、各構成員が他のすべての構成員と同じ強さで結合するというモデルが考えられます。近くのものどうしも遠く離れたものどうしも等しくつながっているというモデルです。このようなモデルを「**平均場モデル**」と呼んでいます。なぜ「平均場」なのかと言うと、ホタルの集団の場合で言えば、集団の中のどの一匹のホタルも他のすべてのホタルが放つ光の総和が作る平均的な場の中に置かれているからです。しかも、集団全体が生み出すこの平均的な光の場は、どの一匹にとっても共通に感じられる光の場になっています。じっさい、一本の木に群がったホタル全体が生み出す光の場は、この群れのどのメンバーにとってもほぼ同じ場と感じられるはずです。

平均場のモデルが適用できる集団では、「**個と場の相互フィードバック**」という考えかたがわかりやすい形で実現されています。再びホタルの集団を念頭に置いて話しますと、その理由は次のように述べられるでしょう。まず、個々のホタルの光りかたは、光の平均場に左右されています。と言うより、光の平均場によって完全に決定されます。ただ一つの平均場のふるまいが、すべてのホタルのふるまいを支配するのです。ところが、この平均場は決して集団の外部からもたらされたものではなく、個々のホタルの光りかたの総体が生み出したものにほかなりません。

光の場を音の場に置き換えれば、拍手する聴衆についても同様の見方をすることができます。ミレニアム・ブリッジの場合には、揺れる橋が歩行者それぞれの動きを支配する共通の場になっていると同時に、場の揺れは歩行者の動作の総体が生み出すものです。いずれの例においても、平均場は個々の成員の動きを支配すると同時に、逆に成員の動きの全体が平均場を作り出しています。それがここで言う個と場の相互フィードバックです。人間社会でも、これに似た状況はいろいろ考えられます。たとえば、個人の考えに影響を及ぼす世論が個人の考えの総和で形成されるのは、その一例と言えるでしょう。個と場の相互フィードバックが強く働くシステムでは、集団全体を巻き込む突然の秩序形成や秩序崩壊がしばしば起こります。この「転移現象」については、次節でもう少し詳しく述べたいと思います。

平均場モデルはもちろん現実をかなり理想化しています。たとえば、現実のホタルにとっては、近くにいる仲間の発光のほうが遠方で光るものより明るく感じられるのは当然です。しかし、一匹のホタルが放つ光が広範囲に及んで多数のホタルに到達しているなら、その範囲内ではほぼ同じ光の場が各メンバーによって共有されています。したがって、この領域内で起こる現象を理解するためには平均場モデルは大いに意味があります。

ただし、この領域より広い空間で生じる現象については、このモデルで説明できない可能性があります。遠く離れているメンバーが同じ場を共有しているとはもはや言えないからです。じっさい、ホタルの明滅ではサッカー競技場におけるサポーターのウエーブのように、光の帯がマングローブの林をさっとよぎる現象が見られます。一本の木に群がるホタルにとっては、場の明暗はほとんど同時に生起しますが、林の場合にはその一方の端が明るくなった瞬間に他方の端では暗いということが十分ありえます。広い劇場では観客の拍手の同期もウエーブとなって広がることもあるでしょう。ミレニアム・ブリッジの揺れも、じっさいには蛇がくねるようにS字型の波が橋に沿って伝播していったそうです。

転移現象としての集団同期

大集団が全体としてリズムを示しているのかいないのかは、ちょうどH_2O分子の大集団である水が凍るか凍らないかの違いのようにはっきりと区別できます。ミレニアム・ブリッジは歩行者数が増えてある限界を超えると、急に揺れが始まりました。橋が揺れない状態から揺れる状態へのはっきりした「**転移**」がそこにはあります。仮に、歩行者の数は一定に保ったまま何らかの方法で歩行者間の相互作用を強めることができるなら、それでもやはり同じように転移が起こるでしょう。じっさい、橋を揺れやすいものに取り換えれば歩行者間の相互作用は実質的に強くなり、より少人数でも揺れが始まるでしょう。このことから、ミレニアム・ブリッジの事例は、「リズム間の結合力がある限界を超えると集団全体が歩調を揃えて突然大きなリズムを示しはじめる」という一般的事実の具体的な表れだと見ることができます。

では、結合を強くしていくと、あるところで転移が起こるのはなぜでしょうか。そのヒントは前節で紹介した「個と場の相互フィードバック」という考えかたにあります。実はそこでの「フィードバック」の内容をもう少し丹念に調べますと、それは**プラスのフィードバック**と**マイナスのフィードバック**の両方を含んでいることがわかります。再びミレニアム・ブリッジの揺れに即して述べますと、プラスのフィードバックとは、場が揺れはじめると、そのこと自体がますます揺れを強めるように働く性質のことです。じっさい、場の揺れは個々のメンバーに共通に作用しますから、場が揺れれば、個々人の歩行はもはやばらばらではなく協調したものになるでしょう。ところが、場の運動は個の運動の総体が生み出すものでしたから、個の協調運動は場の揺れをますます強めます。これがさらに個と個の協調運動を強める、というように、加速度的に揺れを強めようとする傾向をこのシステムはもっています。これがプラスのフィードバックです。しかし、こうした傾向を生じるもとになっているメンバー間の結合力がごく弱いものだとしますと、もともと違った自然のペースをもっている人々の歩行はばらつきはじめ、場の揺れは静まっていくでしょう。そして、これは個と個を束ねていた場の力が弱まることにほかなりませんから、個と個の協調性もいっそう弱まり、したがってますます場の揺れは小さくなります。これがマイナスのフィードバックです。

このように相反するフィードバック機構を内在させたシステムには、プラス傾向とマイナス傾向の相対的な優位性が逆転する臨界点が存在します。突然の転移はそこで起こるのです。振動子間の結合力を強めていくと、プラスのフィードバックが強まってきます。一方、**自然周波数**のばらつきを大きくしていけば、マイナスのフィードバックが強く働くようになります。以上のことから、周波数のばらつきかたは変えないで結合力だけを強くしていけば、あるところで集団リズムが発生しますし、結合力を一定にして周波数のばらつきを小さくしていっても同じ転移が起こります。

集団同期によって静かな集団状態から振動する集団状態に突如変化するこのような転移現象を「**同期相転移**」と呼んでいます。温度を変化させると液体が突然結晶化したり、ふつうの金属が突然超伝導体になったりする現象を「**相転移**」と呼んでいますが、それとの類比でこう呼ばれるわけです。

自然現象における集団リズムの重要性を初めて主張した人は、理論生物学者のアーサー・T・ウィンフリでした。集団リズムの発生を一種の相転移としてとらえた点でも、彼には先見の明がありました。三章以降で多くの例を通じて明らかにしていくつもりですが、生命活動と集団振動とは非常に密接な関係があります。ウィンフリの画期的論文が現れたのは一九六七年、彼が弱冠二五歳のときでしたが、当時すでに体内時計の研究に深く関わっていたウィンフリは、生命活動における集団振動の重要性を十分認識していました。彼が亡くなった二〇〇二年以後も、生物学の目覚ましい進展もあって、この事実はますます疑いようのないものになりつつあります。

ウィンフリは集団リズムが生じるメカニズムを理論的に明かしたいと考えました。そこで彼が用いたのが位相モデルです。集団リズムの発生が相転移に類似した現象であることを数学的に示そうとすれば、事の本質を失わない範囲でモデルを可能な限り単純化する必要があります。そのためにウィンフリが行ったこととして、まずすべての振動子が他のすべての振動子と等しく相互作用するというモデルを採用しました。これはすでに紹介した平均場モデルです。また、振動子の自然周期が、ある単純な統計法則にしたがってランダムにばらついているとしました。一番重要なのは、相互作用に対してどんなモデルを考えるかです。ウィンフリはこれを「**作用力**」つまり相互作用を及ぼす側の効果と、「**感受性**」

つまり作用を受け取る側の効果との相乗効果であたえられると仮定しました。これは非常にもっともらしい仮定です。しかし、同期相転移が存在することを数学的に示すには、ここまでモデルを単純化してもまだ不十分でした。確かに、**集団同期転移**が存在するという彼の主張は正しかったし、彼のモデルでじっさいに転移が起こることを数値シミュレーションで示してもいるのですが、それを根拠づけようとする彼の理論は、残念ながら説得力に欠けるものでした。

ウィンフリ論文の衝撃

他の研究分野にうとかったこともあって、出版の七年後にようやくウィンフリの論文に巡り合った著者は、集団同期という転移現象の存在を初めて知って快い衝撃を覚えました。そして、同期相転移というものの存在を疑いようのない形で示すために、彼のモデルの修正版を考案しました。すべてがすべてと等しく相互作用するという仮定についてはウィンフリにしたがいましたが、彼のモデルと違って相互作用の形を振動子間の位相差だけで決まるある簡単な関数で代表させてみました。「簡単な関数」とは三角関数の一種である正

$$\dot{\theta}_i = \omega_i - \frac{K}{N}\sum_{j=1}^{N}\sin(\theta_i - \theta_j), \quad i = 1,2,\ldots\ldots, N$$

図19　蔵本モデル　Nは集団に含まれる振動子の総数、θ_iはi番目の振動子の位相、θ_jはその変化速度を表す。ω_iはこの振動子の自然周波数を表し、その値は釣鐘型の統計分布（正規分布、ローレンツ分布など）からランダムに抽出される。Kは振動子間の結合強度を表す。二つの振動子間に働く相互作用は位相差の正弦関数 $\sin(\theta_i - \theta_j)$ に比例し、総和記号Σからわかるように、どの振動子にも他のすべての振動子による相互作用力の総和が働いている。Kがある値以下では集団振動は存在せず、その値を超えると集団振動が発生することが数学的に示される。

弦関数です。相互作用している二つの振動子のどちらでも、あるいは両方でもかまいませんが、円を一周すれば状態はもとに戻るわけで、そのとき相互作用の強さももとに戻らなければなりません。正弦関数は、相互作用が満たすべきこの最低限の条件を満足する関数の中で最も単純なものです。こうして得られたモデルは「**蔵本モデル**」と呼ばれています。著者自身の名前で呼ぶのはおこがましい気もしますが、他に便利な名前もないので以下でもそう呼ばせていただきます。ちなみに、このモデルの数学的な形を図19に示しました。そこに現れるいくつかの記号の意味は説明文中に示されていますが、読者にはこの数式を単に絵として眺めていただくだけで十分です。

ウィンフリのモデルをこのように修正すると、「個と

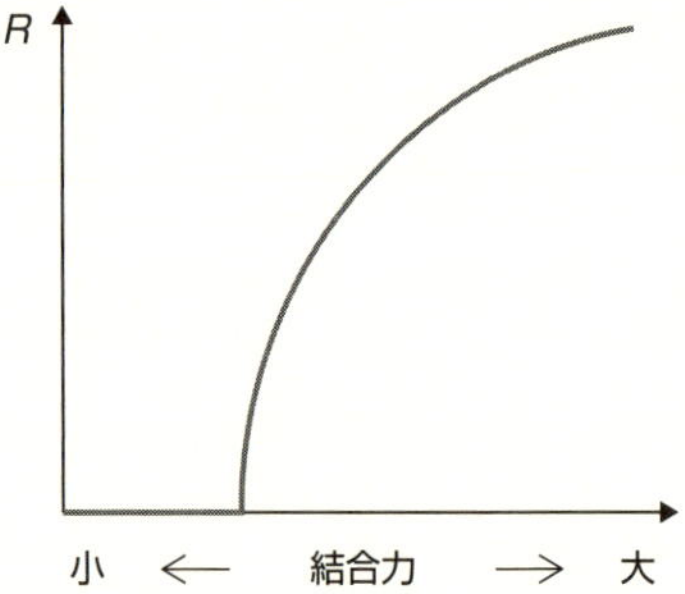

図20　転移現象としての集団同期の発生
結合力がある値以上になると、集団振動の振幅の目安となる量R（図18参照）がゼロから急に立ち上がる。すなわち、突然集団振動が現れる。

場の相互フィードバック」の考えを単純な数式で表すことができ、同期相転移の存在を理論的に示すことができました。もっとも、この理論は数学的に見ればごく素朴なもので、以後四〇年近くを経た現在でも、数学者たちによる議論が続いています。91頁図18では集団振動の振幅を表す量としてRを導入しましたが、この素朴な理論の結果によれば、Rは振動子間の結合力を強くしていくと図20のように変化することがわかりました。

細かい点をいっさい無視すれば、群集の歩行や聴衆の拍手が揃う現象は平均場モデル、特にそれを理想化した蔵本モデルを用いて解釈することができます。もちろん、一般の振動子集団ではそれぞれの振動子の影響が遠方にまで及ぶとは限りませんから、平均場モデルをいつでも適用できるわけではありません。しかし、そうした場合でも振動子間の結合の形を蔵本モデルと同様に「**位相差の正弦関数**」で表すこと自体は有用で、このような「**正弦結合モデル**」を用いて説明したり予想したりできる現象はいろいろあります。次節で紹介する電力供給網の問題では、この形の結合が正当な物理的根拠をもっています。

ところで、蔵本モデルのようにある単純化された理論モデルがいろいろな現象の解釈に適用できるということは、そのモデルが現実の詳細をあまり考慮していないということ、悪く言えば、あまり現実的とは言えないということでもあります。しかし、個々の現実を細部まで忠実に反映した(おそらく非常に複雑な)モデルを作り上げ、それを解析する前段階として、あえて現実から距離を置き、単純化されたモデルを用いて見通しを立てておくことは大いに意味があります。単純なモデルから新奇な現象が発見されることもしばしばあります。「こんな新しい現象がありうるのではないか」ということが単純なモデルによって示唆されれば、個々の現実をより忠実に反映したモデルを通じて、この可能性を本格的に探ることもできるでしょう。いきなり複雑なモデルをあたえられたのではまったく思いも付かない考えや、及びも付かない地点にまでわれわれを導いてくれるのが、**単純化されたモデル**の力です。

単純化されたモデルには別の意義もあります。このようなモデルは一見まったく違う物理的対象や状況に対して同じ形をもっていますから、それを解析することで、今までそれぞれ独立に研究されていた対象の間に思いがけない共通性が見出されることがあるのです。一般にものごとを理解するという場合、他のものとの関連において理解することはとても重要です。その意味で、横断的なつながりでものごとを眺めるのにも、単純化されたモデルは大きな役割を果たします。

この節で説明したような考えかたで、集団リズムが生じるメカニズムは一応理解できますが、現実にはそれほど単純ではないメカニズムが働いている可能性があります。たとえば、アジアボタルの集団発光では、集団が放つフラッシュは一瞬で、〇・五六秒という周期のほとんどは暗黒の時間帯でした。ホタルの個別の性質がおそらくかなりばらついていることを考えると、これほど完璧にタイミングを揃えた発光は、これまでに述べたような集団同期の考えかたでは十分説明できません。この単純な理論では、自然周期自体は一定不変な量として取り扱っていますが、じっさいにはこの量が他からの影響によって絶えず微調整される変数になっているのかもしれません。周波数が状況に応じて調整されるという現象は、次章で紹介する電気魚でじっさいに見られます。ただし、そこでは周波数が互いに一致するように修正されるのではなく、互いに離反するような変化を示します。

振動子ネットワークとしての電力供給網

ホタルの集団やコンサートホールの聴衆では、集団のどのメンバーもほぼ同じ光の環境や音の場を感じています。その意味では、これらのリズム集団には特別なつながりの構造というものがありません。しいて言うなら、すべてがすべてと平等につながっています。これとは違って、メンバーが複雑なつながりかたでネットワークを構成しているリズム集団があります。その一例は**電力供給のネットワーク**です。

送電線網を交流電流というリズムが高速で行き交っています。わが国ではこのリズムの周波数は東日本では五〇ヘルツ、西日本では六〇ヘルツです。ちなみに、東西でこのように周波数が統一されていないのは、明治時代に米国の発電機を東日本が導入し、ドイツの発電機を西日本が導入してしまったためです。不便ではありますが、これだけ電力システムが巨大化した今となっては、もはや統一するのは難しいでしょう。

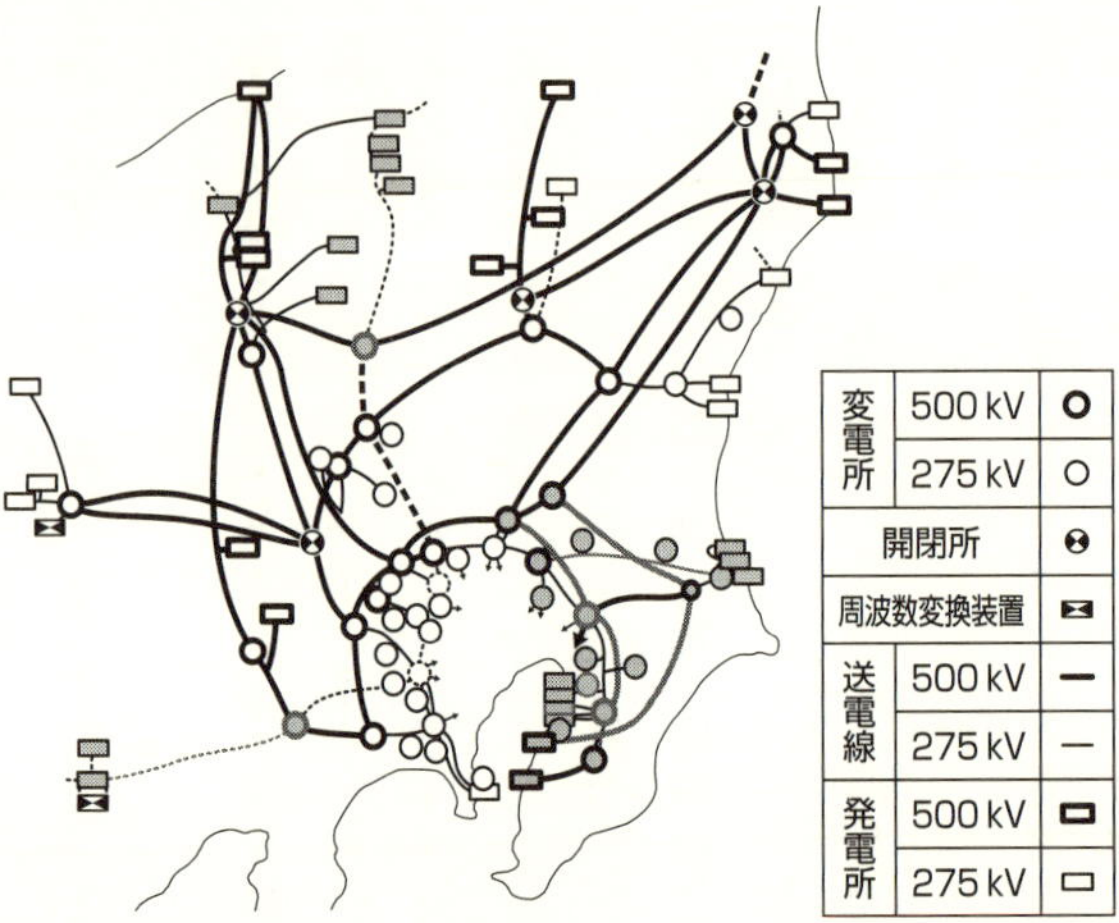

図21　東京電力管内の電力供給網　□で示された発電所、○で示された変電所を結節点（ノード）とするこのようなネットワーク上を流れる交流電流は、常に同期しなければならない。なお、「開閉所」とは、電路の開閉を行う施設のこと。「破線」で示されている送電線や変電所は、東京電力以外の設備となる。また、「薄い網」で記されたものは、10万キロワット以上の発電機を新規に連携する場合に制約が生じる可能性が高い設備を表している。（東京電力資料「平成29年度以前の系統連系制約マッピング　～275kV以上の電力系統・①外輪系統～」〈平成24年10月30日公開〉をもとに作成）

ともあれ、交流の周波数は同じネットワーク内ではどこでも同じでなければなりません。つまり、完全に同期している必要があります。同期が破れると、最悪の場合には大停電に至ることもあります。そのことについては後にあらためてお話しすることにして、そもそも電力供給システムとはどういうものか、またそれはなぜ振動子のネットワークと見なされるのか、これをまずざっと見ておきましょう。一つのまとまった電力供給システムは、電力系統とも呼ばれています。それは発電所、変電所、送電線、電力需要者としての工場や家庭などが互いにつながった、複雑で膨大なネットワークです。通常、そこを流れる電流は交流です。津軽海峡をまたぐ送電のように海底ケーブルで電力が輸送される場合には、損失の少ない直流が用いられますが、以下では交流送電に話を限ります。

発電所で生み出された電力は、何十万ボルトという高電圧の電流として変電所に輸送され、そこで電圧が下げられます。変電所にも何段階かあり、下位の変電所を通じて電圧はさらに段階的に下げられ、家庭やオフィスなど末端の需要者には一〇〇ボルトや二〇〇ボルトの電力として届けられます。

問題の本質を見るために、以下では事態を単純化して、変電所の上位下位は無視することにしましょう。すると、電力ネットワークは発電所から変電所までのネットワークと、変電所から末端の需要者に至るサブネットワークから成り立つことになります。「送電」という言葉は前者、すなわち変電所以上の高電圧での電力輸送を意味します。後者、すなわち変電所から末端の需要者に至る比較的低電圧での電力輸送は「配電」と呼ばれます。電力供給システムの障害で特に問題になるのは、送電網での障害、つまりいくつかの発電所と変電所が高圧送電線でつながったネットワークにおける障害です。そこで、以下では配電のネットワークを省略して、もっぱら高圧送電網に注目します。一例として、首都圏を中心とした東京電力管内の送電ネットワークを108頁図21に示しました。

配電網を省略すると言っても、それを単に切り捨てるわけではありません。各変電所を、それにつながる配電線と末端の需要者の効果を丸め込んだ一要素として取り扱おうというのです。そうすると、変電所は実質的に電力の需要者を代表することになります。結局、以下で考える送電ネットワークは、電力を生み出す多数の要素とそれを消費する多数の要素が相互につながったネットワークだということになります。

電力ネットワークは同期を求める

このネットワーク上でどのように電力が輸送されるかを調べたいのですが、そのためには数理モデルが必要です。それを構築する一つのやりかたは、およそ次のような考えかたに基づいています。まず、ある交流周波数で電力を生み出している発電所を、まさにその周波数で回転している一つのタービン発電機で代表させます。一方、ある交流周波数の電力を消費しつつある消費者は、その周波数で回転しているモーターで代表させます。一般にネットワークというものを数学的にモデル化すると、複数の「**ノード**（**結節点**）」とそれらを互いに結び付ける「**リンク**」から成る幾何学的な抽象物になります。したがって、今の場合、それは発電機GとモーターMという二種類のノードタイプから成り、それらが送電線というリンクでつながったネットワークになります（図22）。

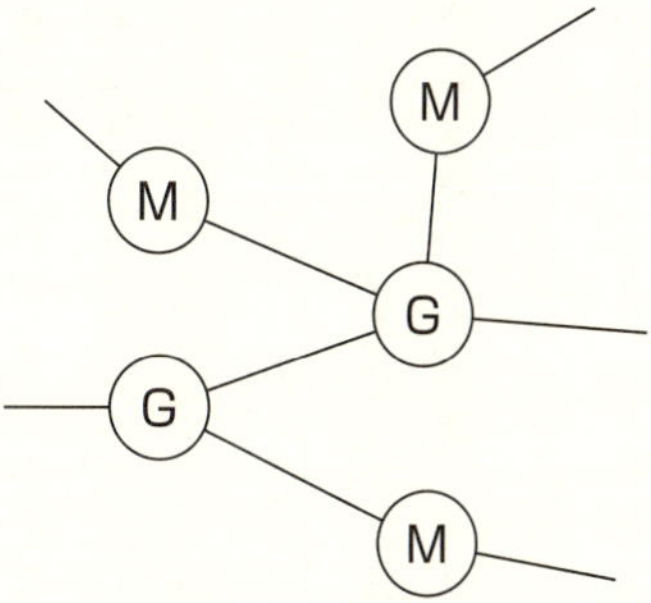

図22　2種類のノードタイプGとMから成るネットワークの概念図　発電所はタービン発電機Gで代表され、電力の実質的な消費者と見なされる変電所はモーターMで代表される。

タービンを回すことで電力を供給する発電機と、電力消費者を代表するモーターはどちらも回転運動を行っています。そうすると、これらは円運動する粒子のように見なすことができ、振動子の位相モデルと似てきます。

単に似ているというだけでなく、送電ネットワークは、実は振動子のネットワークと見なせます。発電所が生み出している電力、あるいは需要者が消費しつつある電力が五〇ヘルツの交流周波数をもっているなら、それに対応して円運動する粒子は毎秒五〇回転することになります。その場合、交流電流の位相は回転する粒子の位相で代表させます。

各ノードが振動子であるからには、それらに固有の自然周波数があるはずです。自然周波数に対応するのは、それぞれのノードに固有な出力です。ノードによって出力は違います。ある発電機の本来の出力が大きければ、それを代表する振動子の自然周波数は高く、出力が小さければ自然周波数は低くなります。消費者はマイナスの出力をもつものと見なされます。したがって、ふつうの振動子系では考えにくいことですが、その自然周波数はマイナスになります。結局、電力を生むGタイプのノードは、それぞれの出力に応じたプラスの自然周波数をもち、電力を消費するMタイプのノードは、それぞれに固有な消費量に応じてさまざまなマイナスの自然周波数をもつことになります。これはひどく不均一な自然周波数をもつ振動子のネットワークですから、当然ノード間に位相差が生じます。ところが、位相差が存在するということは、実はそこに電力が流れているということなのです。そして、電力が流れているということは、ノードの間に相互作用があるということです。これについて、もう少し説明しましょう。

送電線でつながった二つのノードの一方から他方へ電力が輸送されつつあるとします。この場合、ノードは発電機でもモーターでもかまいません。輸送電力は一般に時々刻々変動しますが、ある時点における輸送電力の大きさは、これらのノードがその瞬間にどんな位相差で回転しているかによって、つまり二点間での交流電流の位相差によって決まります。具体的には輸送電力の大きさは、前節に出てきた言葉を使うなら「位相差の正弦関数」に比例するという事実があります。しかも、この輸送電力こそがノード間に働く相互作用力そのものになっています。つまり、相互作用は位相差の正弦関数に比例するわけで、これはまさに以前に紹介した正弦結合モデルになっています。

正弦結合にも引力的な場合と斥力的な場合がありますが、今の場合は位相の進んだほうから位相の遅れたほうに電力が流れるという事実がありますので、相互作用は引力的です。なぜなら、位相が相手より進んでいれば相手方に電力を流すことで回転にブレーキがかかりますし、逆に位相が遅れすぎたノードは電力をもらうことで回転が加速され、遅れを取り戻そうとするからです。このようにして、振動子は引力相互作用を通じて安定した位相関係を保とうとします。つまり、送電線のネットワークは全体が一定の交流周波数で同期しようとする性質を本来もっています。安定した電力供給にとって、これは不可欠の性質です。

しかし、この**振動子ネットワーク**は自然周波数がばらついた不均一なネットワークですから、無条件に全体が同期するとは言えません。ノード間に適当な位相差を作ることで、言い換えれば各送電線を通じて適量の電力が流れることで、ネットワーク全体が共通の交流周波数をもって安定化すればよいのですが、このような同期状態が場合によっては危険にさらされることがあります。

送電網のリスク

自然周波数が異なる振動子が互いに同期できるためには、相互作用がある程度以上強くなければなりませんでした。ネットワーク全体が同期するためには、どの送電線もこの条件を満足していなければなりません。相互作用の最大強度は送電線ごとに決まっています。

ところが、相互作用はまさに輸送電力そのものを表していますから、相互作用の最大強度とは、送電線を通して輸送可能な最大の電力にほかなりません。同期を達成すべくノードからノードへ電力を供給しようとしても、送るべき電力が送電線に固有の最大許容電力を超えるなら、同期は実現できないのです。

送電網の同期状態はさまざまな原因で危険にさらされます。たとえば、重要な一本の送電線が切断されたり、重要な変電所の一つが機能停止に陥った場合などには、流れるべき経路を断たれた電流は行き場を求めて別の経路にどっと流入するかもしれません。それがその経路の最大許容電力を超えた電力を送ることになるなら、同期は破れます。このようなトラブルがネットワークのごく一部に限られるならまだしも、連鎖的に拡大して大停電に至ることがあります。そうすると、社会は大混乱に陥ります。もちろん、各電力会社は周波数が一定の安定な同期状態が保たれるように出力調整を行っています。これは自然周波数の調整を行っていることになります。需要者側での電力消費量は一般に時々刻々変動しているわけですから、これらのノードの自然周波数も時々刻々変化しているわけで、このような出力調整はどうしても必要になります。しかし、それによって同期の破綻が完全に防止できるとは限りません。

このようなリスクに対して、電力ネットワークの安定性は一般にどれほど脆弱なのか強固なのかという研究が、先に紹介したような振動子モデルを用いて数多くなされています。制御を失った電流がどんな経路を求めてネットワーク内を駆け巡るかは、はなはだ予想が困難です。たとえば、一つの大規模な発電所をいくつかの小規模な発電所に置き換えて分散配置させた場合に、ネットワーク全体の安定性がどのように変化するかという研究があります。一箇所が切断されると大規模停電に至るというようなネットワークの脆弱さや、ネットワークを流れる電力が一時的に揺らぐことで広範囲に同期が失われるようなリスクは、分散化することで一般に軽減できることがそうした研究からわかります。現実の状況に近づけるためには、周波数の揺らぎに合わせて出力調整を行うモデルが必要です。また、電力供給がある限度以下になってしまうと電圧が急に降下していく、いわゆる**電圧崩壊**という現象が起こりますが、これらを考慮したモデルも最近扱われるようになっています。

日本では、主要な電力会社がそれぞれの地域の電力系統をほぼ排他的に管理していて、隣り合う電力系統どうしは一本ないしごく少数の送電線でしかつながっていないという事情があります。列島全体としては、比較的小規模ないくつかの電力系統が連なった串だんごのような構造になっています。一方、欧米では多くの電力事業者による電力網が相互に入り組んでいて、州や国を超えたつながりもあります。そのため、電力系統は複雑かつ大規模なネットワークを形作っています。この複雑大規模な電力システムを常に安定に保つのは難しく、たとえば北米では、三〇〇〇万人が一二時間も電気なしでの生活を強いられた一九六五年の大規模停電や、東京電力の供給量と同程度の電力の供給がとまった二〇〇三年の北米大停電をはじめとして、わが国では通常起こりえないような規模の停電が最近に至るまで頻々と起こっています。

しかし、わが国でも電力供給体制は近い将来大きく変わるかもしれません。電力の固定価格買取制度が二〇一二年七月に発足したことで、太陽光、風力、地熱などの再生可能エネルギーによる多くの小規模発電事業者が市場に参入することが見込まれます。それをうながすために、発電所の立地条件に対する規制緩和も進むでしょう。電力市場の自由化が進むと、電力ネットワークはより複雑にならざるをえないでしょうし、これまでのような一元的集中管理は難しくなるでしょう。また、太陽光や風力による発電量は天候に大きく左右される上、需要者側から供給者側に余剰電力を送る逆潮流も増大します。そうした状況下では、最大許容電力を超えた電力が送電線に流入する可能性も高くなるおそれがあります。メディアで取り上げられることは少ないものの、人間社会を支える最大のインフラである電力供給網の根底に同期現象が潜んでいるという事実は、ぜひ知ってほしいと思います。

第三章　生理現象と同期

集団リズムとしての心拍

一本のマングローブの木に密集したホタルが同期して発光すると、その木は一つの強力な光のリズムと化します。無数のミクロリズムの協調から一つのマクロリズムが生み出されるのです。このことから、私たちがマクロリズムと感じているものの中にも、実はミクロリズムの集団が生み出したものがあるのではないかと考えるのは自然です。心臓の拍動はその一例です。

心拍ほど身近なリズムはありません。一日に一〇万回拍動するとしますと、八〇年の生涯なら通算三〇億回もの鼓動から人は片時も離れることがありません。しかも、心臓では生涯にわたって古い細胞が新しい細胞に置き換わることはありませんから、同じ細胞がこれだけの大仕事をこなすわけで、これは通常の人工装置では考えにくいことです。いのちの中心にあるこのリズムは、細胞集団の同期がもたらすマクロリズムです。一個や二個の細胞では弱々しく不正確なリズムしか生み出せませんが、綱引き競技のように集団全員が力を合わせることで力強い安定したリズムが生み出されます。しかし、その話に入る前に、血液循環のためのポンプとして心臓が果たす役割について簡単に触れておきます（図23）。

ヒトの心臓から送り出される血液は、全身の細胞六〇兆個のすべてに酸素と栄養を供給します。それと同時に、すべての細胞から二酸化炭素と老廃物を受け取り、肺や腎臓を通じてそれを体外に排出します。肺で呼吸する陸上生物の心臓には、四つの部屋があります。

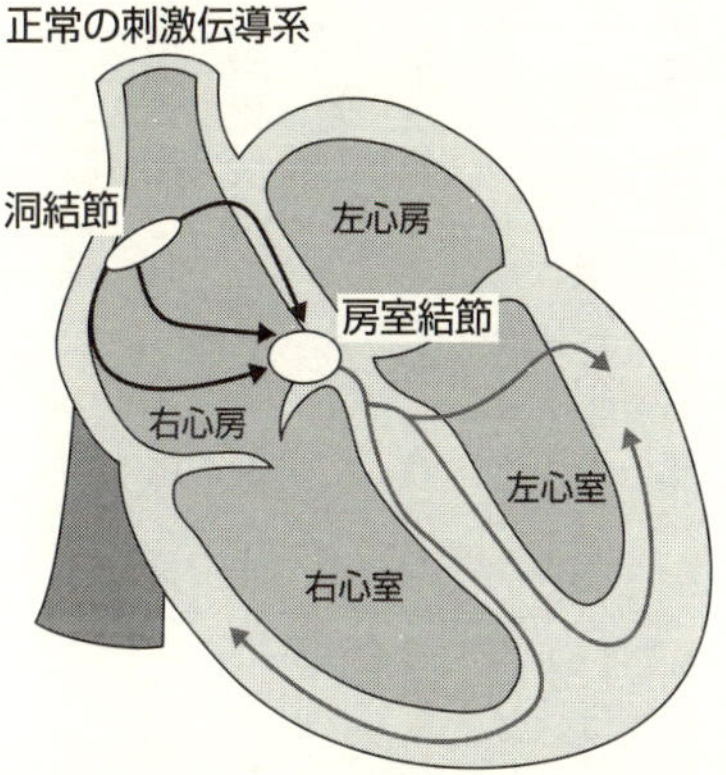

図23　心臓の四つの部屋と刺激伝導経路　心拍のリズムは洞結節にあるペースメーカー細胞集団によって生み出される。そのリズムは刺激伝導経路を通じて心室に伝えられ、同じリズムでの心室の収縮によって血液が全身に送り出される。

それは左心房と左心室、右心房と右心室です。左右二組の部屋が必要なのは、血液の循環が肺循環と体循環という二重の循環システムになっているからです。右心房から右心室への血流は肺循環の流れで、左心房から左心室への流れは体循環の流れです。

右心房から右心室に流れる血液は、酸素が欠乏し二酸化炭素を含む血液で、右心室から心臓を出た後に肺動脈を経由して肺を通過します。その際、二酸化炭素を放すかわりに酸素をもらってリフレッシュし、心臓に帰還します。そして、今度は左心房から心臓に入ります。その血液は左心室から送り出され、大動脈を通って肺以外の全身を巡ります。全身を巡った血液は酸素を失い、二酸化炭素を含む血液ですが、それは大静脈を通って右心房に帰還します。以上が血液循環のおおまかな図式です。

左右の心室から血液が押し出されるのは、心室の筋肉が収縮をくりかえすからです。心臓にこのようなリズムがなければ、血液循環は不可能です。しかし、心室の細胞をはじめとして、心臓の細胞の大部分にはリズムを自ら生み出す能力がありません。そのかわり、これらの細胞は他の部分から刺激を受けると、そのたびごとに強く応答する性質をもっています。したがって、心臓の他の部分からやってくる周期的なシグナルに応答することで、心筋は収縮をくりかえしていることになります。

心臓に限らず、一般にリズムの発生源を**ペースメーカー**と呼んでいます。心臓の場合、それはどこにあるかと言うと、右心房の上部にあります。それは**洞結節**と呼ばれる部分ですが、ヒトの場合はそこに約一万個の**ペースメーカー細胞**を含む集団があります。哺乳動物から取り出したペースメーカー細胞をばらばらにして培養し、その動きを観察しますと、一つひとつがピクッピクッと自律的に収縮をくりかえしているのがわかります。細胞ごとに収縮のペースはばらついていますが、二つの細胞が接触するとペースを揃えて収縮するようになります。全体がひと塊になれば、単一の力強いリズムが生まれます。

洞結節で生み出されたこのリズムは、刺激伝導路を通って左右の心房に、次いで左右の心室に伝えられます。刺激は電気的シグナルとして細胞から細胞へとバケツリレーのように受け渡されていくわけですが、どの心筋細胞も受け取った電気刺激をただちに収縮運動に変換します。

自律的にリズムを刻むことのできる心臓の細胞は洞結節のペースメーカー細胞だけなのかと言うと、実はそうではありません。刺激伝導路に沿って下流のほうにも、自力で振動できる細胞は存在します。しかし、それらの自然なリズムはペースメーカーより遅いので、ペースメーカーから送られてくる早いリズムに引き込まれ、それに同期しています。ただし、洞結節のペースメーカーが故障で機能しなくなったとき、これら遅いリズムの細胞群が不十分ながらペースメーカーの代役を務めることはあります。

揺らぐ心拍

一般に言えることですが、たとえミクロなリズムのそれぞれは不正確だったとしても、これらが協力してマクロなリズムを生み出せば、それはしっかりした正確なものになります。しかし、心拍がそれほど規則的なリズムでないことは、日常経験からも明らかです。はらはらどきどきすればもちろんですが、安静にしていても心拍は揺らぎます。その揺らぎを統計的に調べることが、一つの立派な研究テーマになるほどです。ペースメーカー集団のマクロリズムがこのように一定しないのは、この集団が本来不正確なリズムしか生み出せないからではありません。そうではなく、集団全体が外部から受ける刺激が不規則に揺らいでいるからです。

じっさい、心臓は自律神経の強い影響を受けています。自律神経とは、運動神経や感覚神経とは別に自動的に体の機能を調整してくれる神経のことですが、とりわけペースメーカー集団には自律神経からの豊富な入力があります。自律神経には交感神経と副交感神経があり、それぞれは固有の神経伝達物質を放出することで、それぞれアクセルとブレーキの役割を果たしています。交感神経はノルアドレナリンを放出して、心拍数を上げます。アポロ11号で月面着陸した宇宙飛行士のアームストロング船長は、月面着陸時には脈拍が一時一五〇を超えていたそうです。一方、副交感神経はアセチルコリンを放出することで、心拍数を抑えます。肉体運動の激しさや心の状態を体はすばやくキャッチし、状況に応じて心拍数を変えることで血流を変化させ、必要に応えているわけです。

このように、心拍は決して規則的ではありません。しかし、もしもペースメーカー集団が外部からいっさい影響を受けないとしたら、その集団リズムは安定した正確なものであるに違いありません。もしそうでなく、気まぐれにリズムを変動させているのだったら、神経やホルモンの刺激の強さに応じて正確に拍動のペースを変えるという重要な機能が果たせなくなるでしょう。

興奮現象とは何か

これまでに見たように、心臓の細胞はその大半が自力でリズムを刻むことはありません。そのかわり、少し刺激されるだけで一過的に強く応答する性質があります。この強い応答を「**興奮**」と呼んでいます。興奮性を示すのは心筋細胞だけではありません。心臓以外の筋肉細胞や神経細胞、ホルモンを分泌する内分泌細胞の一部も興奮性の細胞です。興奮性とは何かを理解しておくと、生命現象とリズムの関係がいっそうよくわかるので、次に少し説明することにします。

興奮現象は振動現象とごく近い関係にあります。条件が少し変わるだけで、一回きりの興奮がくりかえしの興奮、つまり周期的変動になるからです。興奮自体が一種の自己刺激となって、次々に興奮が惹き起こされるのです。心筋細胞も胎児ではこのような自発的リズムを示しますが、誕生後はほとんどがリズムを失って興奮性のみを示すようになります。興奮現象は、細胞膜とそれを取り巻く環境の電気化学的性質に由来します。ごくかいつまんでこれを説明すると、次のようになります。

興奮性のあるなしにかかわらず、どの細胞も細胞膜をはさんで内と外との間には電位差があります。膜の外側はプラスの電気を帯び、内側はマイナスの電気を帯びているために、内部は外部より電位が低くなるのです。典型的な神経細胞（ニューロン）では、内側が七〇ミリボルトくらい低くなっています。外部の電位を基準にして測った内部の電位が「**膜**

電位」と呼ばれる量です。したがって、このようなニューロンの膜電位はマイナス七〇ミリボルトです。電池がその起電力によってさまざまな仕事を行うように、細胞は膜内外の電位差を利用して、途方もなく多様で複雑な作業をこなしているのです。

なぜ、膜の内外で電気の帯びかたが違うかと言うと、電気を帯びた原子、すなわちイオンの濃度が膜の内と外とで異なるからです。何種類かのイオンが膜電位に関係していますが、ナトリウムイオンとカリウムイオンがしばしば重要な役割を演じます。ナトリウムイオンもカリウムイオンもプラスの電気を帯びています。これらを合わせると、膜の外側が内側よりプラスの電荷が多くなっているので、外側のほうが高い電位になっているのです。じっさい、ナトリウムイオンは外側のほうがはるかに高濃度です。一方、カリウムイオンはむしろ内側の濃度が高いのですが、ナトリウムイオンの濃度差のほうが大きいので、カリウムイオンの効果を打ち消して余りあります。

興奮性の細胞は、外部から刺激がやってこない限り、膜電位が一定の状態で安定しています。そのときの膜電位が「**静止電位**」と呼ばれるものです。しかし、静止電位の状態が安定であると言っても、それはあたかも斜面を転げ落ちる小石が浅いくぼみに引っかかって辛うじてとまっているようにかなりきわどいもので、他の細胞などから電気的に軽く一突きされると、膜電位に一過的な大変動が生じます。

膜電位が大きく変化するのは、イオンが膜を通して大量に出入りするからです。静止電位の下では膜を透過しにくいイオンが突如透過しやすくなって、膜内外のイオン濃度が一時的に大きく変化するために膜電位が変化するのです。ニューロンやその他の多くの興奮性細胞では、ナトリウムイオンとカリウムイオンの流出入が興奮現象にとって最も重要です。特にナトリウムイオンは、静止電位の下ではまったく膜を透過できませんが、膜電位が上がると透過できるようになります。したがって、まず外部から電気的刺激を受けて膜電位が少し上がると、ナトリウムイオンは濃度が高い細胞外から濃度が低い細胞内へ流れ込むようになります。ところが、これはプラスの電荷が流入するということですから、膜電位はさらに上がります。そうすると、ナトリウムイオンはますます流入しやすくなります。それがさらに膜電位を上げる、というふうに加速度的にこの過程が進行します。その結果、膜電位の正負が逆転して、プラス数十ミリボルトにまで達します。

しかし、膜電位がこれほど高くなると、ナトリウムイオンの内外の濃度差も小さくなりますから、このイオンを細胞内に流入させようとする力も弱まります。したがって、この爆発的な過程は長続きしません。すると、次の過程が始動します。それはカリウムイオンが膜を通してどんどん流出しはじめるという過程です。カリウムイオンは外部の濃度が低いので、そちらに向かって流出するのです。膜電位が上昇すると、ナトリウムイオンと同様にカリウムイオンもますます膜を透過しやすくなるのですが、ナトリウムイオンよりも透過しやすくなるまでに時間がかかるのです。このため、ナトリウムイオンがどっと流入した後に、ようやくカリウムイオンの流出が始まるのです。ナトリウムイオンの爆発的な流入によって大きく上昇していた膜電位は、カリウムイオンが流出することで急激に下がりはじめます。それはいったん静止電位以下にまで押し下げられますが、やがて静止電位に戻り、そこにとどまり続けます（次頁図24）。

以上に素描した一連の過程が興奮現象です。膜電位が変化することでイオンが膜を透過しやすくなったり、しにくくなったりすることが、そこでは重要でした。ナトリウムイオンやカリウムイオンは、それぞれ自分だけが通り抜けられるチャンネルを膜内にもっています。これらのチャンネルはランダムに閉じたり開いたりしていますが、膜電位が上昇す

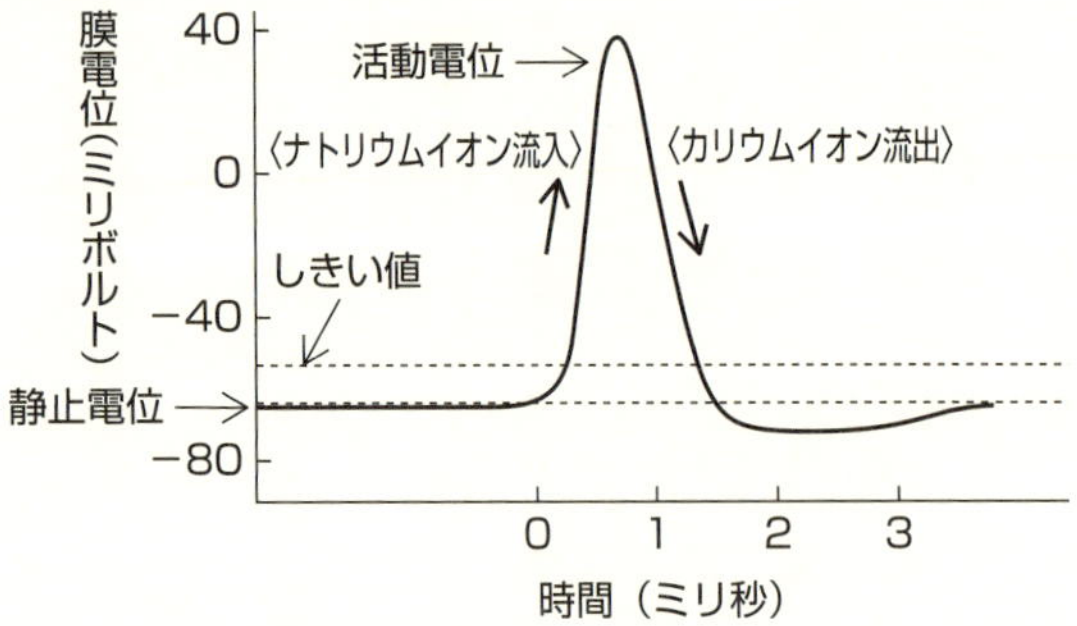

図24　神経膜の興奮による膜電位の時間変化　外部からの刺激で膜電位がある値（しきい値）を超えると、膜電位が一過的に大きく変化する。

るにつれて開く確率が高くなるために透過性が高まるのです。

膜が興奮するとき、電位が一気に上昇して下降するため、鋭いピークをもつ電位パターンが現れます。この特徴的な電位パターンは「**活動電位**」と呼ばれています。図24に示したのは典型的なニューロンの興奮にともなう膜電位の時間変化ですが、活動電位の持続時間は一ミリ秒にも満たない短時間です。しかし、心筋の興奮ではニューロンと違って活動電位は数百ミリ秒も持続します。この違いは、心筋ではナトリウムイオンとカリウムイオンに加えて、カルシウムイオンも興奮過程に参加するという事実から来ています。ナトリウムイオンの爆発的流入に続いて、カルシウムイオン

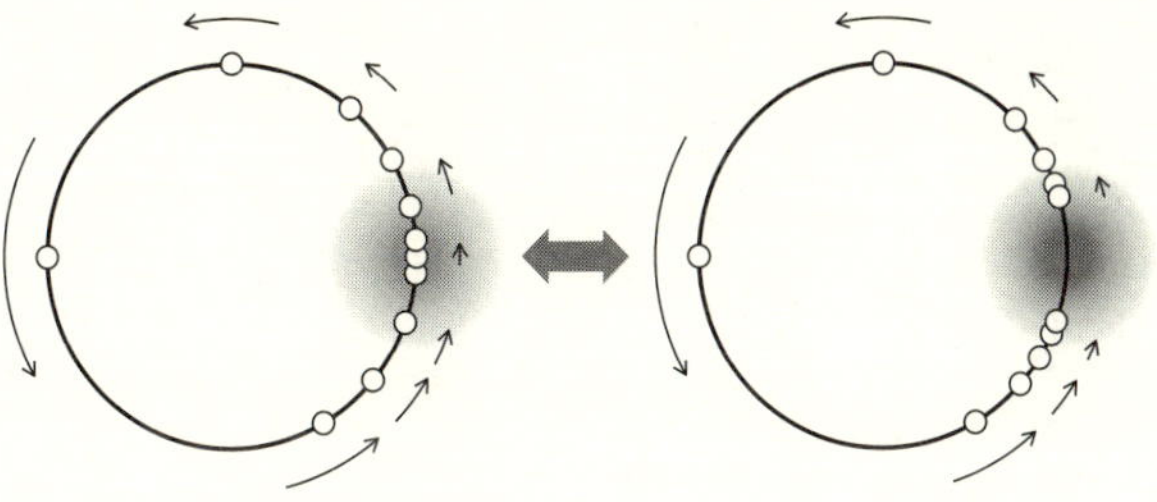

図25　振動性と興奮性の移り変わりを示すモデル　粒子の運動をストロボイメージで示す。aでは粒子は減速しつつ「魔のゾーン」を通過できるので振動性を表すが、bでは通過できないので一過的な興奮性を表す。

の流入が始まるのです。活動電位が数百ミリ秒も持続するのは、カルシウムイオンチャンネルの特別な性質に起因しています。

振動と興奮の親近性

興奮を一回きりではなく何度もくりかえすようになった細胞が、ペースメーカー細胞です。それは細胞が振動子としてふるまうことを意味します。活動電位を示した後に復帰すべき電位が静止電位を超えてしまい、それが次の活動電位を惹き起こしてしまうために、膜は興奮をくりかえさざるをえません。細胞の性質や環境を少し変えるだけで、細胞は振動子になったり、単に一過的な興奮のみを示す機能単位になったりします。

振動子の位相モデルでは、振動子は円周上を回る粒子に見立てられました。しかし、このモデルでは、条件が少し変わることで振動が停止して一過的な興奮性のみを示すようになったり、その逆が起こったりするという事実を残念ながら表すことができません。ところが、このモデルを少し修正するだけでこれが可能になります。それは以下のようなやりかたです。

まず、粒子の円運動は等速度でなく、ある狭いゾーンを通過するとき、はなはだしく減速するというモデルを考えます（前頁図25）。粘っこい流体の層を粒子が通り抜けるように、あるいは円形トラックを走るランナーが強い向かい風を受けるように、そこではほとんど前に進めないほど速度が落ちるとするのです。しかも、この「魔のゾーン」をどうにか通過するのに必要な時間が、そこを脱出して再びこのゾーンに入ってくるまでの時間よりもずっと長いほど極端にそこでは減速すると考えるわけです。それでも、粒子が回転を続けられる限りそれは振動子なのですが、抵抗力がさらに強くなれば、この難所の手前でついにとまってしまうことになるでしょう。しかし、前進できなくなったこの粒子を背後からポンとひと押しして最大の難所を越えさせてやれば、粒子は再び自力で走りはじめるでしょう。そして、円を一周して、再び抵抗に阻まれ立ちどまります。

このようなモデルと興奮性との関係は、容易に見てとれるでしょう。背後からのひと押しという「電気的刺激」によって、難所の手前の「静止電位」にとどまっていた粒子は難所を越え、以後自力で運動を開始し、加速度を得てすばやく「活動電位」を示した後に静止状態に帰還するというシナリオ、これをこのモデルは最も単純化した形で表現しています。細かい点にこだわれば、もちろんいろいろ不足はありますが、一過的な興奮と継続的な振動との間の移り変わりを記述できる最も単純なモデルとして、これはかなり有用です。

心臓の異常

心臓の細胞のうち、ごく一部は発振能力をもつペースメーカー細胞で、残りの大多数は自力ではリズムを示せない興奮性細胞でした。正常な心臓では、これらが全体として同期しています。ペースメーカー細胞群が送り出すリズムが刺激となって、興奮性細胞もそれと同じリズムで活動するからです。特に、心室はそのリズムで収縮し血液を送り出しています。この事実が示すように、それ自体では振動できない興奮性の要素を多数含んでいる集団も、ペースメーカーの助けを借りれば全体として同期できます。

しかし、心臓が全体として同期できなくなる場合があります。心房や心室がペースメーカーのリズムにしたがわず、勝手に独自の速いリズム、場合によっては不規則なリズムを刻みはじめることがあるのです。それは頻脈や不整脈の原因になります。特に、心室の不調に由来する頻脈は危険な状態に移行することがありますから、これについて一言触れておきたいと思います。

ペースメーカーから信号がやってくるごとに、それによって惹き起こされた細胞の興奮状態が波となって、あたかも浜辺にくりかえし寄せてくる波のように心室を流れていけば、心室はそのペースで収縮し血液を全身に送り出すことができます。その場合、心臓の機能は正常です。しかし、何らかのきっかけで、**興奮波**が心室のある小部分のまわりでぐるぐる渦巻きはじめることがあります。この渦巻き波は、ペースメーカーからやってくるリズムよりも高い周波数で回転しますので、心室がこの独自の速いリズムで収縮します。これは頻脈の症状として現れます。この場合、心室全体としてなおリズムを維持して活動していますから、そのままだと命に別状はありません。しかし、時にこれがより深刻な心室細動と呼ばれる状態に移行する危険性があります。これは渦巻き波が引き金になって次々に新しい波が生み出され、心室が全体として時間的にも空間的にも大きく乱れたカオス状態に陥ってしまった場合です。こうなると、もはや心室内での同期も破綻しています。したがって、血液のポンプとしての心臓の機能は失われ、そのままだと短時間のうちに死に至ります。

このたいへん危険な状態から脱するための有力な方法は、電気ショックをあたえることです。乱れた状態をいったんリセットすることで、興奮波の正常な伝播が回復することが期待でき

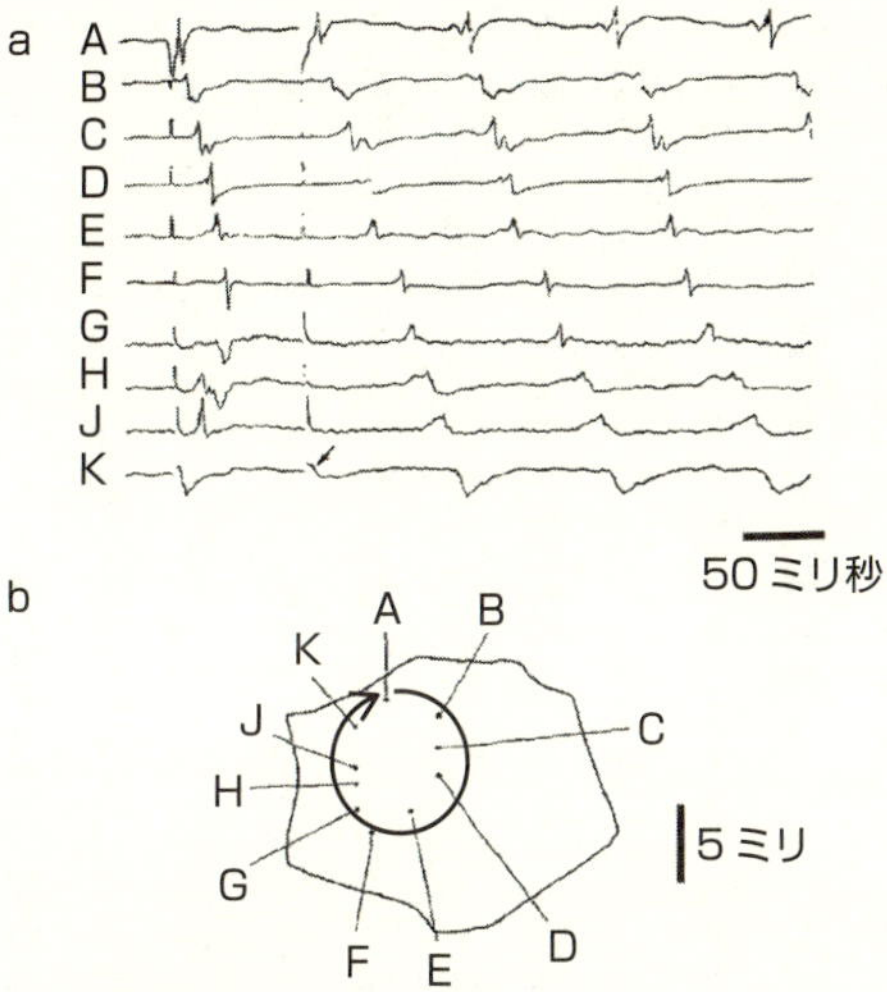

図26　電気刺激をあたえることでウサギの心筋に生じた回転興奮波　bに示された心筋上のラインA〜Kを、パルス状の興奮波が時間差をもってくりかえし通過することから、回転波が生じていることがわかる。（M.A.Allessie et al., Circ.Res. 33, p.54, 1973より〈一部改変〉）

るのです。電気ショックは心室を電気的白紙状態にリセットします。医師の手を借りないで自動的にこれが行える装置がＡＥＤ（自動体外式除細動器）と呼ばれるもので、最近では公共施設に広く設置されているのはご存知のとおりです。

リセットすれば異常な状態が解消されるのは事実ですが、その逆も可能です。少し怖い話に聞こえるかもしれませんが、まったく正常な心筋でも適当な電気的衝撃を加えれば、渦巻き波が出現します。前頁図26はその一例で、ウサギの心房に人為的に生じさせた渦巻き波を示しています。この場合、心房は性質が均一な興奮性の組織で、これに適当なパルス状の電気的刺激をあたえただけですが、それによって回転する波が生じていることが図からわかるでしょう。悪くすると、このような渦巻き波がきっかけで、時間的にも空間的にも恐ろしく乱れた状態が出現しないとも限りません。

興奮性の場に生じるさまざまなパターンやその動きは、一九七〇年代から物理学者や化学者の興味を大いに惹いてきました。この方面の研究は、実験も理論もずいぶん進んでいます。それは実験室で精密に制御できる素晴らしい興奮システムがあるからです。**ベルーゾフ・ジャボチンスキー反応**という化学反応がそれです。ベルーゾフ・ジャボチンスキー反応は進行がきわめて遅い反応ですので、長時間にわたってガラス皿の中でさまざまな濃度パターンが見られ、これを巡る膨大な研究があります。この反応は水溶液中で進行しますから、心筋の組織で起こる興奮現象とは一見あまり関係なさそうに見えますが、実は大いに関係があります。と言うのは、化学反応に参加している物質の濃度がどのように時間変化するかを支配する運動法則が、膜電位の興奮現象を記述する運動法則ときわめてよく似ているからです。特に、この反応系に生じる渦巻き波については、その性質や制御法が詳しく研究されています。

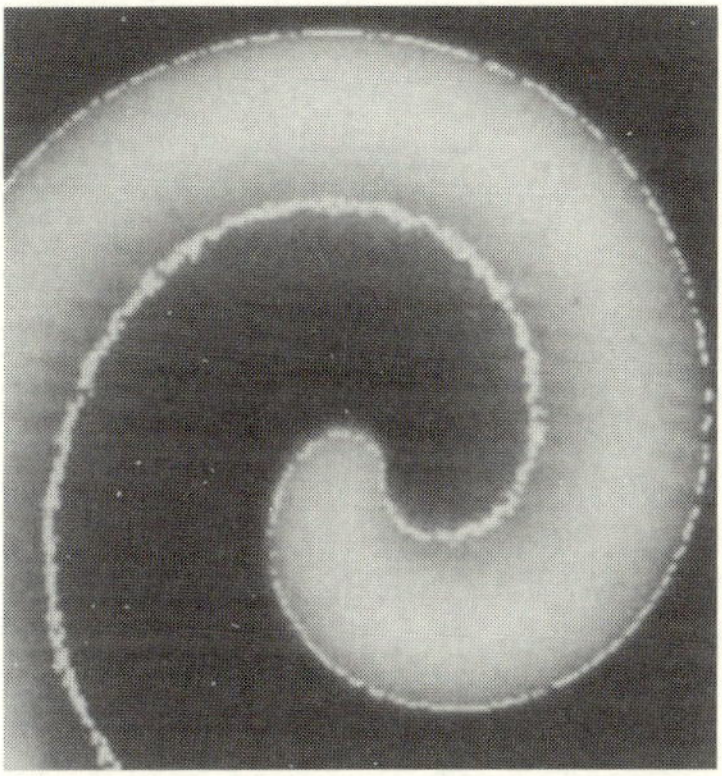

図27　ベルーゾフ・ジャボチンスキー反応の実験で得られた渦巻き波　渦巻きの先端付近の一点を中心にして、全体は形を保ったまま時計回りに回転し続ける。（S.Müller et al., Physica D 24, p.71, 1987より）

図27は、ベルーゾフ・ジャボチンスキー反応系の実験で得られた渦巻き波のパターンです。心室での渦巻き波は、この図で言えば、波の先端付近のごく一部に相当するものです。

多くの研究者が、生体における興奮

現象との関連性を意識しながらこの反応系を研究しています。こうした研究をきっかけにして、心臓病学の研究に本格的に関わるようになった科学者もいます。

体内時計も集団リズム

第一章では、体内時計をそれぞれの個体に備わった一つのマクロな振動子と見なしました。この見方で理解できる現象もいろいろあります。しかし、このマクロリズムも心拍と同様にミクロリズムの集団同期によって生み出されたものであることがわかっています。ここでも、ミクロリズムを担うものは個々の細胞です。

ヒトやネズミなどの哺乳類では、体内時計を生み出す中枢は**視交叉上核**という部分にあります。両眼から入った光は網膜の光受容細胞を刺激し、その情報が視神経を通って脳の視覚野に伝わります。これによって、視覚が生じます。この経路の途中で、右眼から来る神経線維と左眼から来る神経線維が交叉するのですが、この交叉点のすぐ上に米粒よりもずっと小さい二つの神経核が対をなして存在しています。それが視交叉上核です。

それぞれの神経核はおよそ一万個の神経細胞の塊で、それが約二四時間周期の安定した強いリズムを送り出しています。それぞれの細胞も単独で二四時間に近い周期のリズムを生み出す能力をもっていることから、それらは**時計細胞**と呼ばれています。洞結節が心拍のペースメーカーになっているように、視交叉上核は体内時計のペースメーカーなのです。しかし、同じペースメーカーとは言え、両者では振動の周期は大いに違いますし、リズムの起源もまったく異なります。時計細胞のリズムは「**遺伝子発現のリズム**」に由来しています。

それぞれの遺伝子に書かれた情報に基づいて特定のたんぱく質が合成されますが、これが遺伝子発現で、その結果は細胞の機能や構造に反映されます。ところが、遺伝子発現は遺伝子ごとに独立に生起する過程ではなく、一般に、ある遺伝子の発現は他の遺伝子の発現に影響をあたえます。つまり、複雑なこのプロセス全体を遺伝子のレベルに還元して見るなら、遺伝子どうしで相手の発現を促進したり抑制したりしていると見なすことができます。こうした相互調整によって、遺伝子のグループはネットワークを作っています。そして、このネットワークの活動が周期的に変動する場合があるのです。それぞれの遺伝子の発現が活発になったり不活発になったりを周期的にくりかえすわけです。それが遺伝子発現のリズムです。

　このリズムはどんな実験手段で確認できるかと言いますと、よく使われる手段として、遺伝子発現に合わせて細胞が発光するように遺伝子に手を加えておくやりかたがあります。一個の細胞を一匹のホタルのようにふるまわせるわけです。

　マウスなどの哺乳動物から視交叉上核を取り出して培養し、そのリズムをこうした手段で観察することができます。細胞をばらばらにして観察しますと、細胞の一つひとつは確かに自律的なリズムを示しますが、その周期は大いにばらついています。たとえば、ある細胞では二二時間、別の細胞では二五時間というように。しかし、視交叉上核を薄切りにして一切片のリズムを調べてみると、そこでは細胞どうしが結び付いていますから、それらはほぼ周期を揃え、集団が一つのマクロリズムとしてふるまうようすが見られます。

　視交叉上核がなぜ明暗のリズムを感じることができるのかと言いますと、網膜に入った光がその情報をすべて視覚野に送っているのではなく、その一部を視覚とは関係のない視交叉上核に送っているからです。視覚に関係した光受容細胞とは別の光受容細胞が網膜に用意されていて、それを経由して視交叉上核に至る経路があるのです。視力を失っても正

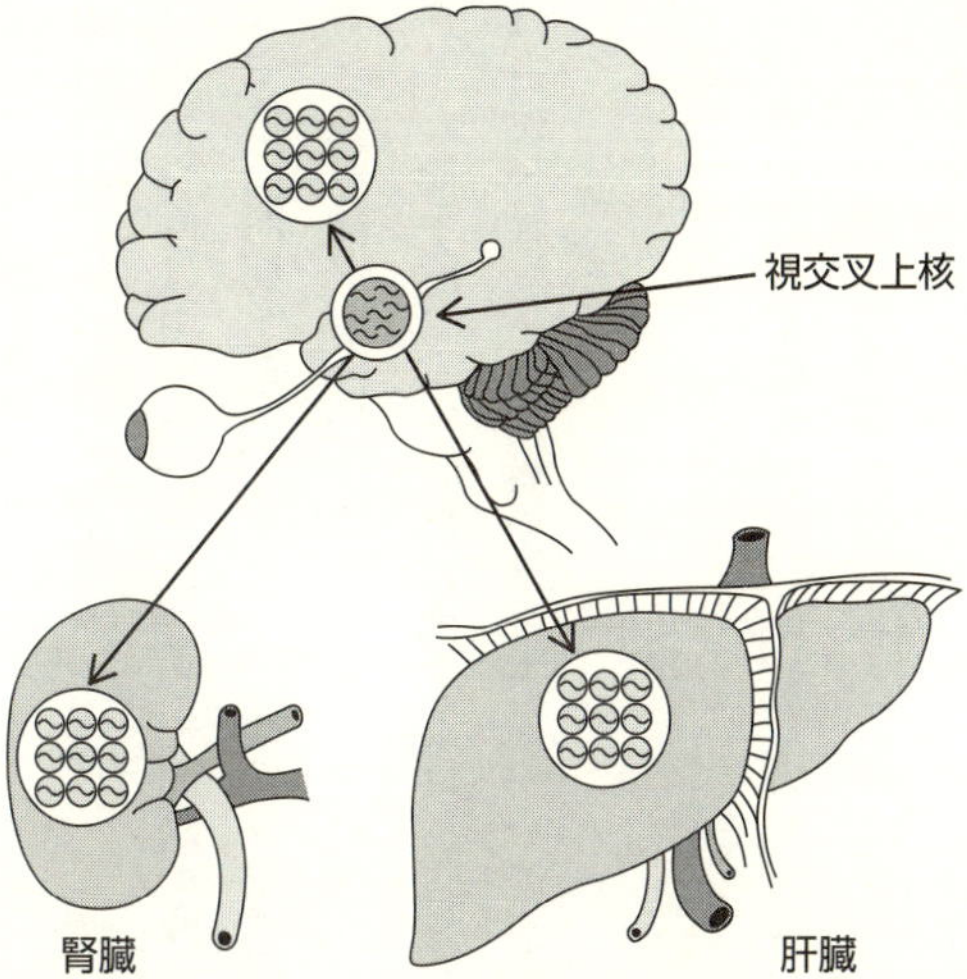

図28　体内時計のリズムをつかさどる時計細胞集団の概念図　視交叉上核の時計細胞集団は中枢時計、体の各器官に分布した時計細胞集団は末梢時計と呼ばれる。（S.M. Reppert and D.R.Weaver, Nature 418, p.935, 2002をもとに作成）

常な体内時計を維持できる場合があるのは、そのためです。

周期がほぼ二四時間のリズムを自律的に刻むことができる時計細胞は、視交叉上核にしか存在しないのかと言いますと、決してそうではありません。実は、全身の細胞が時計細胞であると言っても過言ではありません。体のさまざまな部分から体外に取り出した細胞が一日周期で活動を変化させているかどうかを調べる実験がありますが、こうした実験から、肝臓、腎臓、心臓、脳など、ありとあらゆる器官や組織の細胞がことごとくそのような活動を示すのがわかります（前頁図28）。全身に分布したこれらの「時計」は**末梢時計**、視交叉上核のそれは**中枢時計**と呼ばれています。

末梢時計は中枢時計とは違って明暗のサイクルを感じることができませんし、それらのみで集団同期することもできません。末梢時計が明暗のサイクルに活動を合わせることができるのは、中枢時計のリズムに支配され、それに引き込まれているからです。中枢時計がどんな手段で末梢時計に働きかけ、自らのリズムに同期させているかと言うと、それには自律神経による刺激やホルモンの分泌が重要だと考えられています。

遺伝子発現のリズム

中枢時計も末梢時計も、それらのリズムは遺伝子発現のリズムに由来します。しかも、リズムを生み出す基本的なしくみは、すべての時計細胞で共通しています。遺伝子発現が周期性を示すのは、複数の遺伝子が互いに相手の発現を活発化させたり妨害したりしているからでした。この相互調整は遺伝子から作り出されるたんぱく質を介した複雑な過程です。今、遺伝子Aの発現がこうした複雑な過程を経て、遺伝子Bの発現を活発化するとしましょう。しかし、これを単に「Aの発現がBの発現を活発化する」と言い表すことにします。同様の言いかたで、「Bの発現がAの発現を抑える」という場合を考えます。これは結局、遺伝子Aの発現が巡り巡ってAの発現自体を抑えること、しかしこの抑制が巡り巡ってAの発現をうながす、ということにほかなりません。

シャワーから出るはずのお湯が冷たすぎたので、温度を上げるべく栓をひねる。しかし、今度は熱すぎるお湯が出てきて、あわてて温度を下げようとする。するとまた、冷たすぎるお湯が出て……という状況にこれは似ています。栓をひねってもすぐには水温が変わらないという「時間遅れ」があるために「行きすぎ効果」が生じて、「熱い」と「冷たい」の間を往復するのです。時間の遅れなしにただちにフィードバックが働くなら、対立する二つの傾向がバランスを達成するだけで、振動は生じないでしょう。「巡り巡って」と言ったように、別のプロセスが介在すると時間の遅れが生じるのです。こうした一連のメカニズムに基づいて概日リズムが生み出されるわけですが、その際に中心的な役割を果たしている遺伝子のグループを時計遺伝子と呼んでいます。

ここまでの説明では、AとBという二種類の遺伝子による**フィードバックループ**によってリズムが生み出されることになります。しかし、じっさいの時計細胞では、AとBそれぞれに対応するものは複数の遺伝子から成るグループで、これら二グループ間のフィードバックループが時計細胞として機能するための中核部分をなしています。そして、このメカニズムは中枢時計と末梢時計とで本質的に同じです。

末梢時計では、この中核的な遺伝子ネットワークは他のさまざまな遺伝子にも働きかけ、それらから作られるたんぱく質の量を周期的に変化させています。末梢時計が体のさまざまな部分で違った役割を果たすことができるのは、それぞれの役割を担う遺伝子たちが中核的な**時計遺伝子ネットワーク**に駆動されているからです。たとえば、メラトニンというホルモンは松果体と呼ばれる脳内の小さな内分泌器官で作られますが、その分泌は夜間に盛んになって人を眠りに誘います。一方、食事をとる昼間は消化酵素が盛んに分泌される必要がありますが、夜中はその必要がありません。ある時間帯にある決まった生理機能が活発になったり沈静化されたりするためには、末梢時計が中枢時計と一定の位相関係を保つ必要があります。そして、これはもちろん両者が同期していてこそ可能です。

全身に張り巡らされた体内時計のネットワークは、大編成のオーケストラを思わせます。中枢時計は指揮者で、末梢時計は奏者です。バイオリン、チェロ、ホルン、トランペットなど各楽器の奏者は、それぞれ固有のタイミングでそれぞれの役割を果たしています。それぞれが適切な位相関係を保ちながら、全体としては完全に同期しています。

長い進化の過程で、生物は種の存続繁栄のために利用できるものは何でも利用してきました。それは物質的なものだけではありません。「リズムは互いに同期する」という単純な動的原理もフルに活用されてきました。複雑精妙なシンフォニーを奏でる体内時計という見事な時間的構築物に、その最高傑作を見ることができます。

集団リズムの正確さ——電気魚の場合

少数の細胞がリズミックに活動しても、多細胞生物の生命活動にとって意味のあるリズムにはならないでしょう。細胞の大集団が一体となって足並みを揃えることでこそ、安定した正確なマクロリズムが現れます。たとえば、体内時計のリズムはどれほど規則正しいリズムでしょうか。昼夜を知る手がかりのない環境の下でもこのリズムは持続しますが、ある個体についてこれを何日も観察すれば、その周期は二四時間から長くなったり短くなったり、多少は不規則に揺らぐはずです。その揺らぎの大きさを鳥類やネズミなどの脊椎動物について調べた研究があります。それによりますと、周期の誤差は三分から五分の範囲におさまるそうです。視交叉上核にある一万から二万という神経細胞の数の大きさが、このような正確さを生んでいるのでしょう。細胞ごとのばらつきが、十分統計的に打ち消されるわけです。

細胞集団が生み出す正確なリズムのもう一つの例として、以下では電気魚のリズムを取り上げてみたいと思います。電気魚は電気を発生する能力をもつ魚です。数々の生物リズムの中で、電気魚が発生する電気信号のリズムほど精度の高いリズムはありません。また、状況の変化に応じて周波数を微妙に調整するやりかたもたいへんユニークで、その神経機構についてはかなり詳しく調べられています。

よく知られた電気魚の一種にデンキウナギがありますが、これは外敵に一撃をあたえるために強い電気を発生する強電気魚の仲間です。六〇〇ボルトものパルスを発生する強電気魚も知られています。一方、一ボルト以下の弱い電気を発生する電気魚もいろいろ知られていて、それらは**弱電気魚**と呼ばれています。弱電気魚は熱帯や亜熱帯の淡水域に棲息しています。弱電気魚にも強電気魚と同じようにパルス状の電気信号を出すものもいますが、多くはなだらかな波状の電気を発生します（次頁図30）。以下で注目したいのは、周期的に波打つ電気信号を発生するこのような弱電気魚です。

図29　弱電気魚アイゲンマニア　南米に棲息し、成魚の体長は10センチ程度。尾部にある電気器官を使って身の回りに電場を設けることで、周囲のようすを知り、また個体間のコミュニケーションも図る。©PPS通信社

電気信号の周波数は種によってさまざまで、五〇ヘルツくらいから一〇〇〇ヘルツ以上のものまでいます。電気を発生する器官は尾の付近にあります。彼らは電気を発生するだけでなく、それを感知することもできます。そのための受容細胞は体表全体に分布しています。

弱電気魚が弱い電気信号を出す目的は何でしょうか。敵を倒すには、この電気は弱すぎます。目的の一つは、まわりの環境を探ることです。

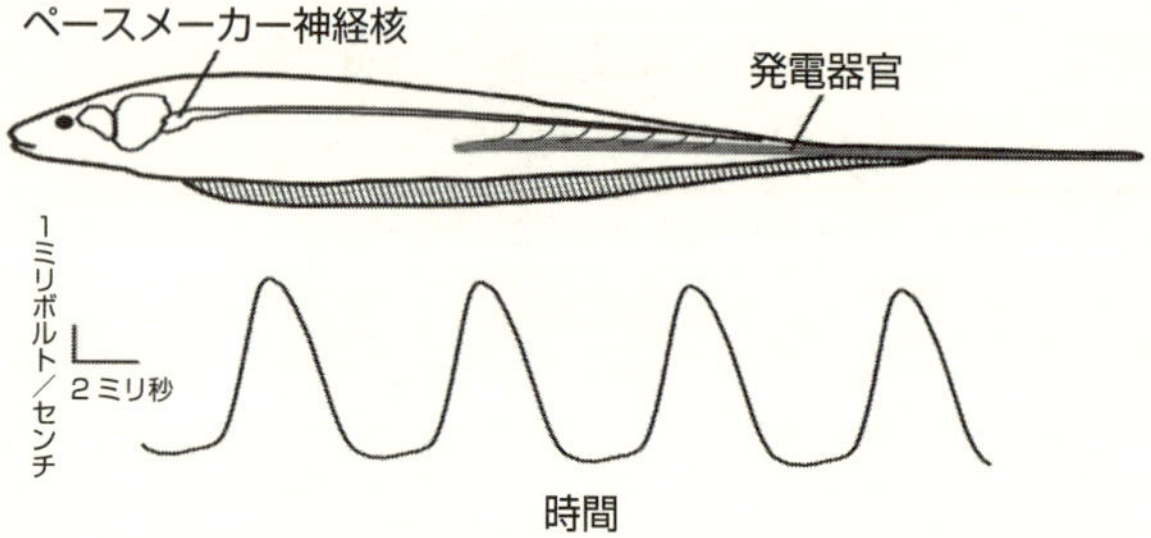

図30　弱電気魚の発電器官とそこから発信される電気信号　発電器官は尾の付近にあり、電気信号は波状のなだらかな変化を示す。
（M.R.Markham et al., PLOS Biol. 7, p.1, 2009より〈一部改変〉）

洞穴などの暗い環境や夜間の行動では視覚が役に立ちません。しかし、自分の周囲に電場を作れば、それを感知することで障害物や外敵の存在がわかります。近くに物体があると、その形状によって電場のようすも変わるからです。電気信号を出すもう一つの目的は、仲間との交信です。受け取った信号から、相手の種や性別を見分けることができると言われます。

このように弱電気魚はいくつかの目的で電気信号を発生しますが、そのリズムの正確さは驚異的です。たとえば、アイゲンマニアという典型種について、個体が発生する電気信号を長時間にわたって記録し、その周期がどれほどランダムに揺らぐかを調べた研究があります。それによると、周期は平均として約五〇〇分の一秒ですが、平均値からのずれは一〇〇万分の一秒にも満たない短さでした。

精密機械のように正確な信号を安定して生み出しているのは、延髄にあるペースメーカーニューロンの集団です。「集団が大きくなるほど集団リズムは正確になる」というふつうの考えからすると、この集団はよほど大きな集団ではないかと思われそうです。しかし、意外にもそれは一〇〇個あまりのニューロンを含むに過ぎません。しかも、それぞれのニューロンはごく少数のニューロンとしかつながっていません。つながりかたもランダムです。奇妙なのは、個々の**ペースメーカーニューロン**がすでにきわめて正確なリズムを刻んでいることです。その正確さは、一個体が発生する信号の正確さと大差がないほどです。つまり、マクロな電気信号の正確さは、ミクロリズムの正確さに由来すると考えられます。

これほど高精度のニューロンが、なぜ形成されるのでしょうか。体表全体で受け取られた感覚情報は、後脳、中脳を経てペースメーカーニューロンに至る過程で何段階にもわたって変換され、統合されます。おそらく、その過程を通じてニューロンの不正確さが逐次修正されるのでしょう。じっさい、中枢神経系のニューロンが階層構造をもっているなら、これが可能です。なぜなら、ある階層におけるニューロン群の応答は、たとえばらついた不正確なものだったとしても、それらの平均的なふるまいが次の階層のニューロンの一つひとつに受け渡されることで、ニューロンの精度は一段と向上するはずだからです。同じことが何度かくりかえされるなら、最終段階のペースメーカー集団では、電場環境のごく微細な変化をキャッチできるようなニューロンが作り出されても不思議ではないでしょう。

混信回避行動

弱電気魚のユニークな行動パターンとして、「**混信回避行動**」と呼ばれるものがあります。仲間が接近してきたとき、もしも相手の出す電気信号の周波数が自分の周波数に非常に近いなら、自分の作り出す電場と相手による電場との区別が付かなくなって、まわりのようすがわからなくなるでしょう。しかし、周波数の差を広げることができるなら、両者を区別できるようになります。そのためには自分の周波数が相手より高いとわかれば、自分の周波数をいっそう高くし、逆の場合には、いっそう低くすることができればよいわけです。こうした周波数の調整を電気魚たちはじっさいに行っています。周波数の違いをゼロにするのが同期でしたが、混信回避行動はそれと正反対の現象です。電気魚はなぜこんな芸当ができるのでしょうか。

電気魚は、自分が生み出す振動電場を体表全体に分布した感覚受容器で常に感じ取っています。仲間の一匹が接近してくると、この電場が変化します。自分が作り出す電場と、相手が作り出すそれより弱い電場が合成されたものを、電気魚は感じるのです。これは音の干渉に似ています。ある周波数の音に、それとやや異なる周波数の音が干渉すると、合成された音波は振幅をゆっくり周期的に変化させます。いわゆるうなりという現象です。合成された振動電場も、153頁図31に概念的に示したように、振幅をゆっくり周期的に変化させます。同図のａは自分の周波数が相手よりやや高い場合、ｂはその逆の場合を示しています。周波数も振幅の変化に合わせてゆっくり増減をくりかえしていることに注意してください。

ａとｂの図の違いを電気魚は認識するわけです。両者の違いは明らかです。ａでは振幅が大きくなったところで振動が速くなり、振幅の小さいところで振動は遅くなっています。ｂはその逆です。したがって、振幅が増大しているか減少しているかという情報と周波数が増大しているか減少しているかという情報は、自他の周波数の大小関係を判定するための二つの基本的な情報になっています。

じっさい、電気魚は感覚受容器で受け取った情報を中枢神経系で逐次処理し、それによって二つの基本情報をそれぞれ検出できる二種類のニューロンを後脳に形成しています。もちろん、二つの基本情報が独立なままでは自他の周波数の大小を判定できませんから、これら二種類のニューロンをさらに統合するニューロンが必要です。それは中脳にできています。統合されたニューロンには二つのタイプがあります。それをタイプ1、タイプ2としますと、タイプ1は、「振幅が増大すれば周波数も増大し、振幅が減少すれば周波数も減少する」という場合に限って活動するようなニューロンです。タイプ2は、振幅の増減と周波数の増減の関係がタイプ1とは逆になっている場合に限って活動するニューロンです。タイプ1が活動すれば、自分の周波数が相手より高いと判断されますし、タイプ2が活動すれば、その逆であることが判断されます。

自他の周波数の大小関係を検出できるこのようなニューロンさえ用意できれば、混信回避は容易です。どちらのタイプのニューロンも、電気信号を生み出すペースメーカーニューロンの集団に働きかけますから、この集団のリズムがタイプ1の活動によって促進され

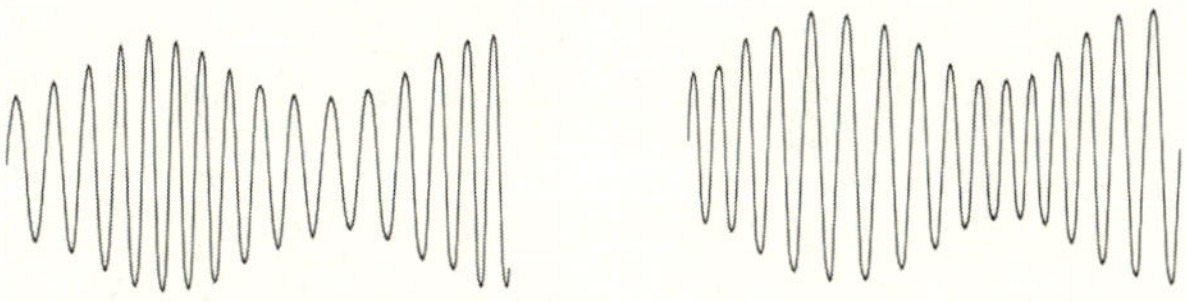

図31　弱電気魚が感じる電気信号の概念図　周波数がわずかに異なる二つの電場が重なり合うと、振幅と周波数がともにゆるやかな変調を示す。aは自分より周波数の低い仲間が近寄ってきた場合に対応し、振幅の大きいところで周期が短く、小さいところで周期が伸びている。bは自分より周波数の高い仲間が近寄ってきた場合に対応し、振幅と周期の関係がaとは逆になっている。

て速くなり、タイプ２の活動によって抑制されて遅くなるような機構があればよいわけで、じっさいそうなっていると思われます。

振動する代謝

細胞がなぜリズミックにふるまうのかについては、少なくとも二種類の機構があることが、これまでに取り上げた例からわかります。第一は膜電位の振動です。この振動は、細胞膜を通して各種のイオンが出入りすることによるものでした。イオンが出入りすると膜内外の電荷の分布が変わるので膜電位が変化しますが、膜電位の変化自身によってさらにイオンの出入りのしやすさが変わります。このようなフィードバック機構が膜を電気的に興奮させたり振動させたりする原因でした。もっとも、振動とは言っても、単なる興奮のくりかえしではない複雑な周期的変動もあります。これについては、次章で実例を通じて見ることにします。細胞を振動させる第二の機構は、遺伝子発現のリズムでした。遺伝子発現とは、遺伝子に書かれた情報に基づいて特定のたんぱく質が合成されることですが、合成されたたんぱく質のために他の遺伝子の発現が抑制されたり促進されたりすることがあります。こうした相互調節によって、遺伝子のグループはフィードバックループを作っています。体内時計のリズムを生み出す時計細胞の振動は、このようなネットワークの周期的な活動によるものでした。

この節で注目したいのは、細胞を振動させる第三の原因です。それは細胞内で起こる化学反応の振動です。中でも以下で紹介するエネルギー代謝のリズムは重要です。そして、代謝リズムを示している細胞の集団、たとえば酵母細胞の集団もまた集団同期します。

生命を維持するために、生体は絶えずエネルギーを消費します。生き物は自分の体を形作るために、さまざまな生体高分子を合成する必要がありますし、筋肉を動かしたり細胞内外の電位差を維持したり、体温を保ったりするのにもエネルギーを使います。そのためには、エネルギーを外部から取り込み続ける必要があります。植物や一部の細菌は光のエネルギーを取り込み、そのエネルギーを用いて炭水化物を合成することができます。つまり、光合成を行うことができます。しかし、それ以外の生物はこれができませんから、有機物を摂取することでエネルギーを得ています。

有機物の形で取り込まれたエネルギー源は、まず糖や脂肪酸やアミノ酸に分解されます。しかし、それらはまだ生命活動のさまざまな目的のためにすぐに使える形にはなっていません。有機物に含まれるエネルギーを利用可能な形に変換するための作業は、細胞内で行われます。それはもっぱらアデノシン三リン酸（以下ではＡＴＰと表記します）というエネルギー運搬物質を作り出すための作業です。ＡＴＰ分子内の化学結合にエネルギーをいったん貯えておいて、通貨のように必要に応じていつでもどこでも使えるようにしておくわけです。ＡＴＰ分子は三つのリン酸基をもっていますが、リン酸基が一つ外れてアデノシン二リン酸（以下ではＡＤＰと表記します）に変化するときにエネルギーが発生します。このエネルギーを生体はあらゆる作業に用いるのです。

ＡＴＰを作るために、ほとんどの生物は二通りの手段を用意しています。第一は酸素を用いずに糖を分解することでＡＴＰを作るやりかた、いわゆる**解糖**です。第二の手段は**細胞呼吸**と呼ばれ、それには分子状の酸素が必須です。酸素を取り込んで炭酸ガスを放出するのがふつうに言う呼吸ですが、同様のことが細胞レベルで行われているわけです。ほとんどの生物は細胞内にミトコンドリアという小器官をもっていますが、この作業が行われるのはミトコンドリアにおいてです。

第一の方式、つまり解糖によってＡＴＰという形で引き出せるエネルギーは、糖が貯えているエネルギーのほんの一部に過ぎません。もし、酸素ガスが十分使えるなら、解糖に引き続いてミトコンドリア内に反応が移り、呼吸を通じて残りのエネルギーがフルに引き出されます。ちなみに、脂肪やアミノ酸の分解についてはどうかと言いますと、これらの物質は解糖に対応するような過程を経ないで、直接ミトコンドリアに入ります。糖、脂肪、アミノ酸のすべてが共通の呼吸過程に収束してくるわけです。

大気中に酸素が存在するのは、植物が光合成を行うときに酸素を放出するからです。したがって、光合成の能力をもつ最古の祖先が地上に現れる以前は、大気中には酸素ガスは存在しませんでした。このことから、酸素ガスを必要としない解糖というＡＴＰの生成手段は、この古い時期にすでに成立していたと考えられています。しかし、古いと言っても、この方式は人間にとって欠かせないものです。たとえば、激しい運動で筋肉が酸素不足に陥ったときなどには、この手段に訴えるしかありません。酸素が十分使える状況なら、糖の分解で最終的に生じたピルビン酸という有機酸がミトコンドリアに引き渡され、より効率の良い呼吸のプロセスが始まるのですが、酸素不足の状態ではピルビン酸がミトコンドリアに引き渡されません。そのかわり、ピルビン酸は乳酸に変わります。ちなみに、この疲労物質が筋肉痛の原因ではないかと以前は考えられていましたが、現在ではやや疑問とされています。

微生物も酸素が乏しい環境に置かれると、さかんに解糖を行います。たとえば、ビールや清酒の醸造は、酵母による解糖を利用しています。酵母の解糖では、ピルビン酸は乳酸ではなく代表的なアルコールであるエタノール（エチルアルコール）に変わります。解糖に引き続いて起こる乳酸やアルコールの生成が、いわゆる発酵という現象です。発酵はアルコール飲料以外に味噌、醤油、納豆、パン、糠漬け、ヨーグルトなど広範な食品群の製造にも利用されています。もっとも、食べ物が腐るのは発酵現象の一種ですし、栄養を得るのに必要な血管が少ない腫瘍が大きくなるのも解糖によってエネルギーを得ているからなので、解糖が人間にとって良いことばかりをもたらすわけではありません。

解糖反応はなぜ振動するか

前置きが長くなりましたが、次に注目したいのは、糖の分解過程で見られる振動です。じっさい、解糖という生化学反応を適当な条件下で行わせますと、中間生成物の量が増減をくりかえしながら反応が進んでいきます。ブドウ糖一分子からATP二分子が生じて二分子のピルビン酸で終わるまでの一連の過程が解糖反応ですが、この過程で現れるさまざまな物質の量が一分くらいの周期で変動するのです。解糖は一〇ステップに及ぶ酵素反応の連鎖で、登場する物質の種類も相当数にのぼります。ここでは、その過程を詳しく説明するかわりに、振動が生じる理由をごくかいつまんで話しましょう。

まず、一連の反応過程のはじめのほうで、一つの重要なステップがあります。これは糖をリン酸化することでエネルギーの高い状態に引き上げるための反応です。糖を解糖反応の経路に引き入れるには、この過程が必要です。このリン酸化に必要なリン酸基は、AT

Pからもらいます。ATPからリン酸基が一つ失われることで、ATPはADPに変わります。ATPを合成することが解糖反応の目的のはずなのに、ここでは逆にATPが失われています。しかし、これによって解糖がどんどん進んで、ADPからATPが豊富に生成されておつりが出ますから、これで良いのです。

ここで注意したいのは、次のことです。糖のリン酸化によってATPがADPに変わるということから、この反応がどんどん進行すると、ATPが乏しくADPは豊富になります。ところが、これは解糖がどんどん進むということ、つまりADPがATPにどんどん変わっていくということですから、やがてATPが豊富でADPが乏しいという、最初とは逆の状況が生まれます。ところが、この状況の下では糖のリン酸化反応が抑制されるという事実があるのです。これは糖のリン酸化を触媒している酵素の活動が、ATPが豊富でADPが乏しいというこの状況下では低下することによります。ともかく、その結果、解糖が活発に進まなくなり、再び最初の状況に戻るのです。このようにして、シーソーゲームのように異なる二つの状況が交互に現れることになります。これが振動する解糖反応です。

解糖する酵母細胞の集団同期

糖の分解反応が振動するという事実が科学者たちの強い関心を呼んで、盛んに研究されはじめたのは一九七〇年代でした。この振動には生体にとって何か重要な役割があるのではないかという期待が、そこにはあったと思われます。この点については今なお議論がありますが、それとは別に、以下に紹介するコペンハーゲン大学（デンマーク）のグループによる集団同期の実験をきっかけにして、解糖反応の振動は再び注目を集めることになりました。

多数の酵母細胞を液中にばらまいて、酵母細胞が集団としてリズムを示すようすをコペンハーゲン大学のグループは詳しく調べました。この試料液には栄養分としてブドウ糖が溶かし込んであります。これを攪拌機でかき混ぜ続け、ブドウ糖や酵母細胞から分泌される物質が常に全体に行き渡っているようにします。しかし、ブドウ糖は酵母細胞の解糖作用によって分解され、どんどん減っていきますから、酵母細胞の環境を一定に保つためには、減少分を補うためにこのブドウ糖を容器に注入し続ける必要があります。また、酵母細胞自身も徐々に性質が変わっていきます。そこで、新鮮な酵母細胞も一定の速さで注入します。しかし、流し込むばかりでは容器があふれてしまいますから、注入する量と同じ量の試料液を容器から汲み出し続けます。このようにして、酵母集団の性質とその環境は一定に保たれます。古い酵母細胞は絶えず新しい酵母細胞と入れ替わりますが、どの細胞も振動の一周期よりはるかに長い間容器内にとどまる確率が高いので、集団リズムの発生や消失を問題にする限りは、変質しない細胞を用いて長時間実験しているのと何ら変わりありません。

解糖反応が振動する理由を説明したときには省略しましたが、この反応の過程でNADHというエネルギー運搬物質がATPの生成を助けます。NADHの量は解糖反応が振動すると、それにつれて振動します。しかも、この物質は蛍光物質ですので、その性質を利用すれば振動をモニターすることができます。NADHは青緑色に発光しますが、その強度の増減がこの物質の量の増減を表します。したがって、解糖反応の振動がこれでわかるのです。次頁図32aに見るように、NADHの量は長時間にわたって非常に規則的に振動しています。この振動はまさしく酵母細胞が集団としてマクロなリズムを刻んでいること

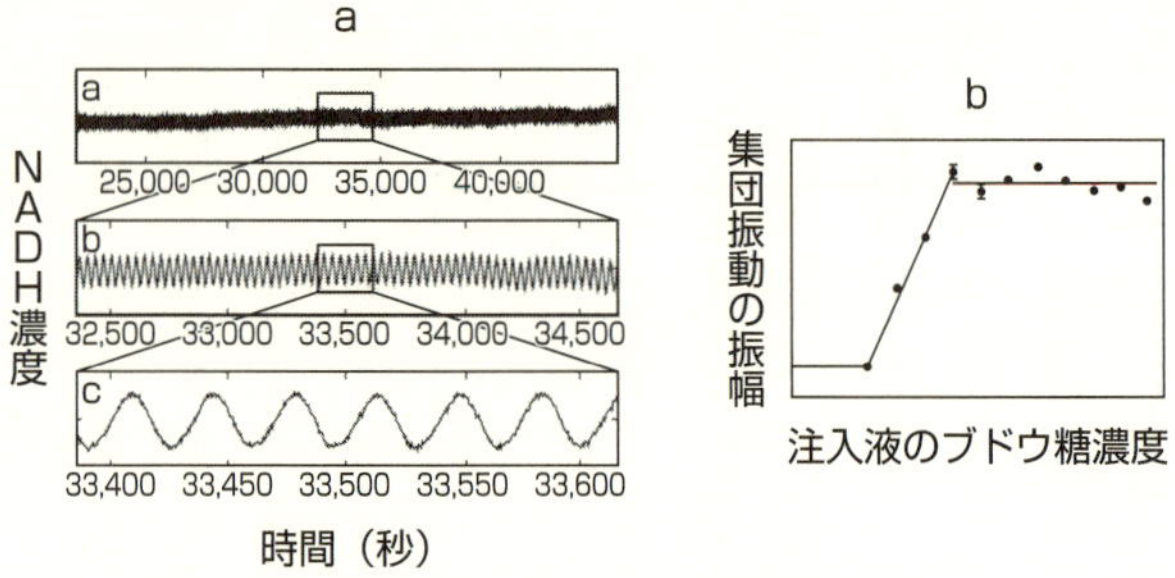

図32　酵母細胞の集団が示す規則正しい集団振動
a：集団振動の時系列と、その一部を順次拡大したものが示されている。
b：注入液に含まれるブドウ糖の濃度を上げていくと集団振動が現れる。
（S.Danø et al., Nature 402, p.320, 1999より〈一部改変〉）

を示しています。

細胞から分泌される物質は試料液を撹拌し続けることですみやかに他の細胞に届きますから、これを通じて細胞は相互作用します。相互作用を仲介する最も重要な物質はアセトアルデヒドだと考えられています。これはピルビン酸がアルコールに変化するときにできる物質です。撹拌することで振動の一周期よりもずっと短い時間内にアセトアルデヒドは試料液全体に広がりますし、酵母細胞自体も激しく動き回りますから、あたかもマングローブの木に群がって同期発光するホタルの集団や拍手する大観衆のように、各構成員（細胞）はどの構成員ともほぼ平等に相互作用することになります。

集団リズムを消失させる二大機構

酵母細胞の集団振動の強さは、ブドウ糖を注入する速度を変えると変化します（図32b）。速く注入すれば栄養分であるブドウ糖の濃度は高く保たれ、ゆっくり注入すれば低濃度になりますが、ブドウ糖が豊富なほど集団は強いリズムを示します。逆に、注入速度がある値以下になると、集団リズムが突然消えてしまいます。集団振動が発生したり消えたりするという転移現象は、水が氷に変化するような相転移に似た現象だと以前に述べました。そこでの説明によれば、集団的なリズムが消えるのは振動子の位相が完全にばらつくことによる、というものでした。ここで紹介した実験で酵母細胞の集団振動が消えたのも、位相がランダムに分散したことによるのでしょうか。実は、そうではありません。ブドウ糖が乏しくなると、個々の細胞の性質が変化して、それらはもはやリズムを示さなくなり、そのために集団としてのリズムもなくなる、というのがこの実験家たちの結論です。

なお、この実験ではブドウ糖の注入速度を変えることで転移が起こりましたが、同じ転移は容器内の細胞の個数を変えても起こります。細胞が混み合っている状態では個々の細胞は振動し、集団同期も見られます。しかし、細胞がまばらになると、突然、どの細胞も振動しなくなり、当然のことながら、集団としてもリズムを示さなくなるのです。

以上のことから、集団振動の消えかたに二つのタイプがあることがわかります。マクロに見れば、どちらも同じようにリズムが消えるので見分けが付かないのですが、マクロリズムが消えても集団の各メンバーが振動子のままであり続けるか否かという点で、両者には本質的な違いがあります。たとえば、現実にはありえないことかもしれませんが、ホタルの集団が放つ光がリズミックでなくなって、全体が一定の明るさで光りっぱなしになったと想像しましょう。遠方から見ている限り、それは個々のホタルの発光がリズミックでなくなったのか、それともホタルはいぜんとしてリズミックに発光しているにもかかわらず、そのタイミングがばらばらになってしまったために全体として明るさが平均化されたのかについては区別が付きません。同様に、つり橋の揺れがおさまったとすると、それは今まで揃っていた歩行者の足並みがばらばらになったためなのか、それとも歩行者がいっせいに歩みをとめたせいなのか、つり橋の動きだけ見ていてもわかりません。

二種類の転移の違いを図式的に示せば、図33のようになるでしょう。同図aは、91頁図

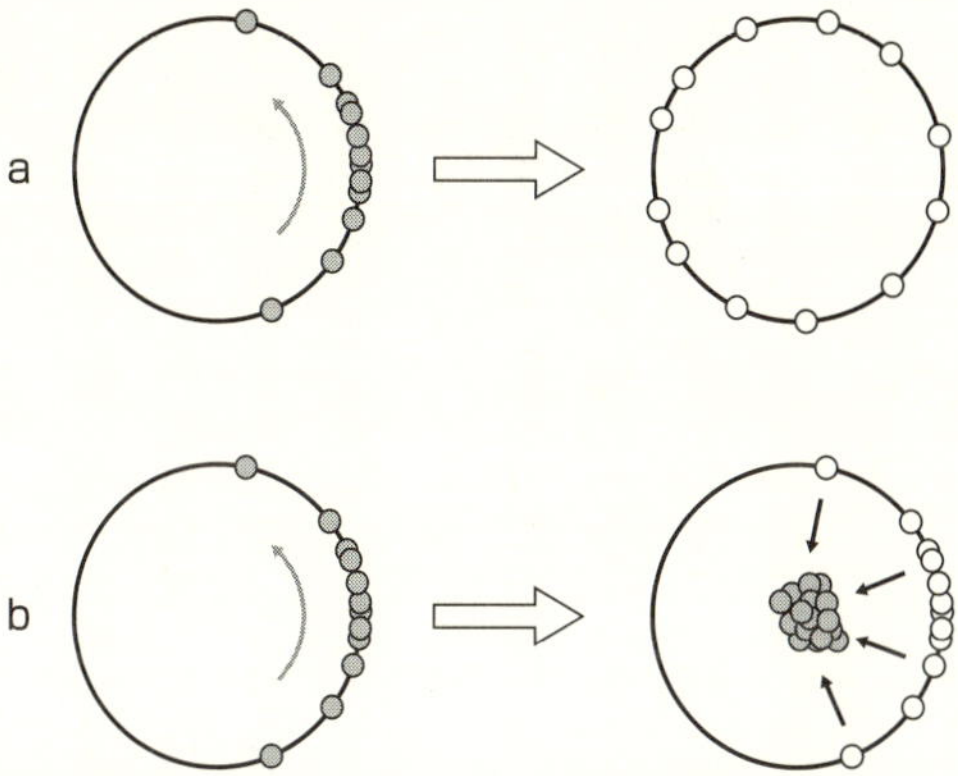

図33　集団振動消失の二つのタイプ　aは脱同期による消失で、振動子の位相がランダムにばらつくことによる。bは動的クオラムセンシングによる消失で、すべての振動子が振動子として機能しなくなる。

18に示したものと本質的に同じで、位相モデルを前提にした考えかたです。位相モデルでは、振動子が振動子でなくなるという事態を表すことができません。したがって、集団振動が消えるとすれば、この図のように位相がまったくランダムにばらつくことによる以外は考えられません。しかし、振動子の振幅が相互作用などの影響で大きく変化するなら、図33 bのタイプの転移が可能です。これは振動子の振幅がいっせいに潰れて、もはや振動子でなくなったために集団の振動も消えるというタイプで、酵母細胞集団で見出された転移はこのタイプでした。しかし、最近の研究では、酵母細胞集団も条件によっては図33aのタイプの転移を示すことが報告されています。

タイプaの転移によって集団リズムが消える場合、これを「**脱同期**」と呼んでいます。一方、タイプbの転移に対しては、適当な呼び名が確立していません。しかし、しいてタイプaと区別するために、近年これを「**動的クオラムセンシング**」という難しい言葉で呼ぶようになりました。

「クオラムセンシング」の戦略

「動的」という修飾語のない「**クオラムセンシング**」という現象は、微生物の集団に見られる特徴的な現象としてよく知られています。リズムや同期には直接関係ありませんが、このふつうの意味でのクオラムセンシングも興味深い現象なので、それについて一言触れておきたいと思います。

クオラムというのは、会議の成立などに必要な定足数のことです。細菌や微生物の集団では、個々の成員が集団の混み具合を感じ取り、それが限度を超えると、ちょうど出席者が定足数を満たすとさっそく会議が始まるように、急にある物質を生成しはじめるなど、突然行動を変えることが知られています。これがクオラムセンシングで、細菌や微生物があたえられた環境の下で生存し増殖するために発達させてきた重要な戦略です。たとえば、病原菌に感染したとき、健康体なら菌の密度が低く保たれるので問題がなくても、免疫力が弱ったりすると密度がある限界を超え、クオラムセンシングによって突然病原菌の活動が活発化して発病する場合があります。しばしば院内感染を惹き起こす緑膿菌は、その一例です。抗生物質のたび重なる使用によって耐性菌が次々に出現することが人類にとって大きな脅威となっていますが、抗生物質に頼らなくても、クオラムセンシングさえ起こさせなければ発病しないというケースもいろいろあると考えられます。進化の過程で絶えず病原菌の攻撃にさらされてきた植物には、クオラムセンシングに対抗するさまざまな物質が隠れ潜んでいる可能性があることから、植物をターゲットにしたこのような物質の探索が進められています。

多細胞生物でも単細胞生物でも、**シグナル分子**と呼ばれる物質分子を介して細胞間で情報のやりとりが行われます。細菌の集団では、それぞれの細菌から分泌されるシグナル物質はすみやかに拡散して集団全体に行き渡ります。したがって、細菌が密集していれば、それだけ高い濃度のシグナル物質をどの細菌も感じることになります。その濃度がある限度を超えると、細胞の遺伝子発現のパターンにある変化が生じて、特定の物質が産出されはじめるのです。このように、クオラムセンシングによって集団としての挙動が突然変化するときは、同時に個々のメンバーもその挙動を突然変化させています。

酵母細胞がシグナル物質、つまりアセトアルデヒドの濃度から細胞の混み具合を感知し、それによってリズムを示したり示さなかったりするのも、これとよく似ています。ただし、この場合は遺伝子発現に変化が起きるのではなく、細胞内の化学反応が振動モードから定常モードへ、あるいはその逆に切り替わるのです。このように、通常のクオラムセンシングの意味がここでは拡張されていることから、「動的」という修飾語が用いられるのです。動的クオラムセンシングについては、それが生命活動にどんな意義をもっているかは今後の研究を待たなければなりません。

体内時計を停止させる

集団振動が消えるとき、それが脱同期によるものか動的クオラムセンシングによるものかは、体内時計にとっても重要です。本来は夜であるべきときに昼間の環境に置かれると体内時計が狂ってしまうことは時差ぼけ現象からも明らかですが、真夜中に短時間強い光を浴びても体内時計は狂ってしまいます。単に狂うだけではなく、リズムがしばらくの間消えてしまうことがあります。これはショウジョウバエでもネズミやヒトのような哺乳動物でも確かめられている現象です。リズムは何日かすれば回復しますが、過渡的にそれが消えたとき、いったい何が起こっているのかが問題になります。それは視交叉上核にある時計細胞の集団が異常な光刺激のために集団振動をとめたためだと考えられますが、そうだとすると、それは位相がばらばらに散らばることによる脱同期のためなのか、それとも動的クオラムセンシングのように個々の時計細胞が一時的に時計細胞でなくなったためなのかという先ほどの問題が、ここでも問われることになります。

理化学研究所の上田泰己さんのグループでは、ネズミの時計細胞集団について、この疑問に答えをあたえました。結果は、位相がランダムに分散することによる脱同期であるというもので、個々の時計細胞はそれまでと変わりなくリズムを保っていることがわかりました。おそらく、これはネズミに限らず人間も同様でしょう。

上田さんたちの実験では、視交叉上核の時計細胞集団を体外に取り出します。しかし、取り出された時計細胞に直接光を当てても反応しません。生体内では、網膜内の特殊な視細胞がメラノプシンという光受容たんぱく質をもっていますので、それがまず光を感知し、これを電気的な刺激に変えて視交叉上核の時計細胞に送っているわけですが、生体から切り離された時計細胞では事情が違います。そこで、取り出された時計細胞にメラノプシンを人為的に導入することで、直接光に反応するように細工をしました。その上で、この細胞集団のリズムの位相が真夜中に対応する状態になったところで強い光を照射すれば、生体内の時計細胞集団で起こっていることがほぼ再現できるはずです。

集団振動の消失がどちらのタイプであっても、理論上はただ一回瞬時の刺激をあたえるだけで集団振動を消し去ることができます。ただし、あたえる刺激は二つの条件を満たさなければなりません。第一の条件は、刺激をあたえるタイミングが、振動の一周期におけるある特定のステージでなければならないことです。第二の条件として、刺激は特定の強度をもっていなければなりません。要するに、集団振動を消す刺激には特別のタイミングと特別の強度という二つの条件が必要で、しかもそれ以上の条件は必要ないということです。これら二つの条件が十分満たされないと、外れの度合いに応じてリズムの消えかたは不完全になり、もとのリズムが回復するまでの時間も短くなります。現実には、もちろんこれらの条件を数学的に完全に満たすのは不可能ですから、不完全で過渡的にしか集団振動を消すことはできません。しかし、莫大な数の要素から構成される集団に対して、わずか二つの条件を満たす刺激をあたえるだけで実質的に集団振動をしばらくの間とめられるという事実は、たいへん興味深いことです。

インスリン分泌のリズム

日本人の五人に一人が糖尿病予備軍だそうです。シニアの仲間が集まると、ひとしきり血糖値の話に花が咲くのも見慣れた光景です。血糖値は糖分（ほとんどブドウ糖です）の血中濃度を表す数値ですが、それはインスリンというホルモンによって調節されています。血糖が上がると、膵臓がそれを感知して適量のインスリンを分泌してくれるからです。分泌されたインスリンは肝臓に働きかけ、肝臓がブドウ糖を合成するのを妨げたり余分なブ

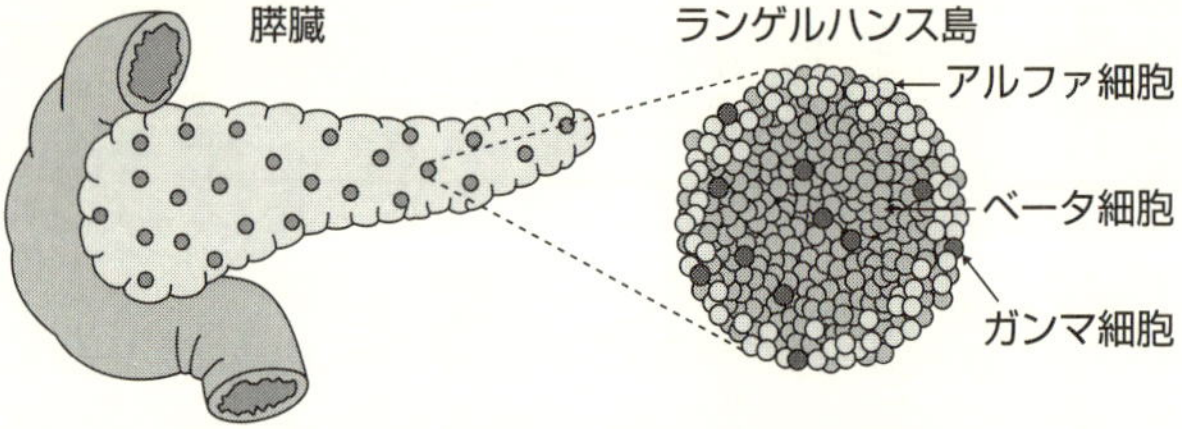

図34　インスリンを分泌するベータ細胞の所在　膵臓とそこに分散したランゲルハンス島、およびランゲルハンス島の拡大図を概念的に示す。（P.MacDonald and P.Rorsman, PLOS Biol. 4, e49, 2006をもとに作成）

ドウ糖をグリコーゲンという形で貯蔵するのを助けたりします。その結果、肝臓から血液中に送り出されるブドウ糖が減少して、血糖値の上昇を抑えます。糖尿病はこうしたメカニズムがうまく働かなくなることで起こる病です。

インスリンを分泌するのは、膵臓にあるベータ細胞と呼ばれる細胞です（図34）。膵臓には、ランゲルハンス島（膵島とも呼ばれます）という細胞の塊が一〇〇万個も散らばっています。ベータ細胞はそれぞれの細胞塊の八〇パーセントを占めていて、各細胞塊に約二〇〇〇個あります。細胞塊にはベータ細胞の他にアルファ細胞やガンマ細胞と呼ばれる細胞もあって、それぞれ異なるホルモンを分泌しています。インスリンは、ベータ細胞の内部にある小胞体という小器官に貯えられています。

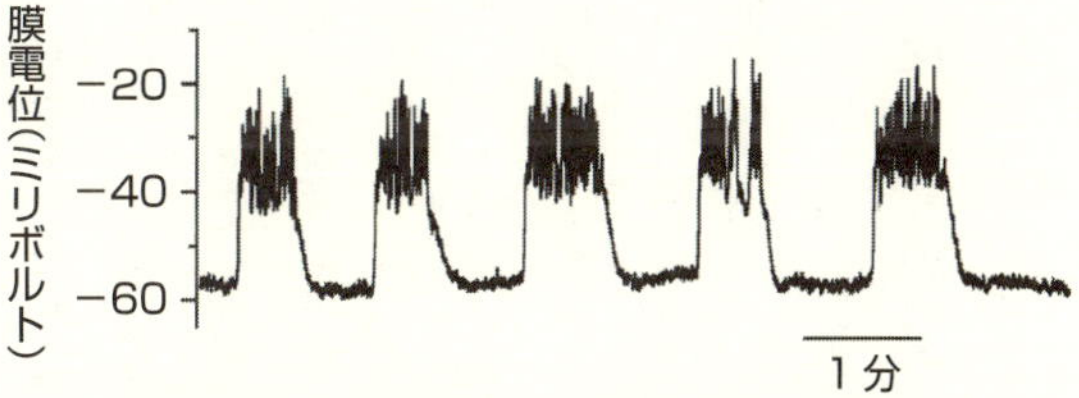

図35　ベータ細胞の周期的な活動　活動電位の連続発射（バースト）とその休止が1分程度の周期で交代している。（M.Zhang et al., Biophys. J. 84, p.2852, 2003より〈一部改変〉）

糖尿病には1型と2型があります。1型は自己免疫のためにベータ細胞が壊されるタイプで、若年で発症するのが特徴です。大半の糖尿病は2型で、このタイプではベータ細胞が壊れるわけではありませんが、さまざまな原因でインスリンの分泌が不十分になります。

ベータ細胞は神経細胞と同様に活動電位を生じる興奮性の細胞です。ある濃度以上のブドウ糖が存在する環境の下でベータ細胞の膜電位が示す活動の一例が、図35に示されています。その活動パターンは、突発的に活動電位を連続発射した後ピタリと静かになり、しばらくするとまた突発的に連続発火するという過程がくりかえされるというものです。針の山のような鋭い活動電位の束が現れては消え、また現れるのです。突発的に現れる活動電位の束を**バースト**と呼んでいます。インスリンはバーストが起こるときべータ細胞から放出されます。その理由はすぐ後で述べます。

ところで、膜電位が振動するという場合、131頁図25を用いた以前の説明では、単に興奮がくりかえされるという意味での周期的変動でした。同図aが自発的に興奮をくりかえすフェーズで、同図bは刺激を受けない限り興奮しないフェーズを表しています。ベータ細胞が振動すると言っても、それはaに対応するものではありません。むしろ、それはフェーズaとフェーズbが交互に現れるという意味での周期的変化と見るほうが適当です。フェーズaの間に発火は何度も起きます。それが終わって静かなフェーズbがしばらく続き、再びフェーズaとなって突発的にバーストが開始される、という過程をくりかえすわけです。バーストの出現と休止がくりかえされるこのようなリズムは、ベータ細胞に限らず中枢神経系のニューロンにも広く見られるものです。それには活動電位を生じるために必要なイオンチャンネル以外に少なくとももう一つのイオンチャンネルが必要で、これがフェーズaとbの間のゆっくりした交代をコントロールしていると考えられています。

神経細胞が活動電位を生じる理由を先に説明しましたが、そこで最も重要なイオンはナトリウムイオンとカリウムイオンでした。しかし、ベータ細胞ではナトリウムイオンにかわってカルシウムイオンがその役割を演じます。したがって、カルシウムイオンとカリウムイオンの流出入で活動電位は説明できます。

そうすると、バーストにともなってカルシウムイオンが細胞内にどんどん流れ込むことになりますが、インスリンはこのカルシウムイオンの働きによって細胞から放出されます。なぜなら、カルシウムイオンはインスリンを貯えている小胞体を細胞膜と融合させる働きがあるからです。インスリンはバーストが続く限り放出され続け、バーストがやむと放出もとまります。

血糖値が上がるとバーストの期間が長くなり、それが停止している期間は短くなります。そのため、インスリンもそれだけ多量に放出されます。こうして、健康体では血糖値がうまく調節されるわけです。じっさい、血糖値が上がるとただちにベータ細胞内のブドウ糖の濃度も高くなりますから、代謝が活発になってATPの量が増えます。この増大したATPが膜電位の平均的なレベルを押し上げて、バーストを生じやすくするのです。なぜ、ATPが膜電位を押し上げるかということですが、これには今までの説明に出てきたのとは別のもう一つのイオンチャンネルが関係していることがわかっています。

ベータ細胞の集団同期

ベータ細胞の振動周期は状況によってかなり幅がありますが、通常約一～二分です。ランゲルハンス島の内部では、このリズムは集団同期しています。二〇〇〇個のベータ細胞が歩調を合わせてインスリンを放出しているわけです。近接したベータ細胞どうしは電気的に結び付いていますから、これが島の内部での集団同期を可能にしているのです。

しかし、膵臓内にばらばらに分散している一〇〇万個のランゲルハンス島の間では、このリズムは同期していません。したがって、インスリンが放出されるタイミングは島ごとにまったくランダムにばらつくはずで、そのために膵臓全体からのインスリンの放出はリズムが打ち消し合って一定となるはずです。ところが、奇妙なことに、じっさいには膵臓からの全放出量は周期的に変動するのです。インスリンが働きかける主な臓器は肝臓ですが、膵臓から肝臓に血液を送り込む門脈と呼ばれる血管内ではインスリンのリズムがはっきり見られます。このことからも、インスリンが膵臓からリズミックに放出されていることがわかります。2型糖尿病患者では、このリズムが乱れていると言われます。ただし、

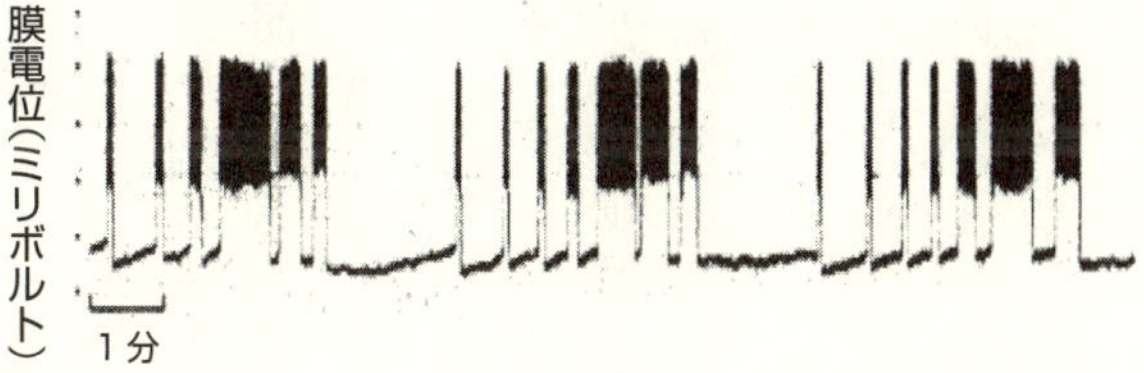

図36　複合的リズムを示すベータ細胞　バーストのくりかえしパターンが5分程度の間隔で周期的に現れている。（J.C.Henquin et al., Pflügers Arch.-Eur.J.Phys. p.393. 322, 1982より〈一部改変〉）

注意すべきは、その周期がこれまで述べてきたベータ細胞のリズムの周期より長いことです。門脈内のインスリン振動の周期は五分前後ですから、ベータ細胞がバーストの発生と停止をくりかえす周期よりかなり長くなっています。

インスリンのこの長周期振動の原因は、どう説明されるでしょうか。バーストの発生停止のリズムより周期の長いリズムをそれぞれのベータ細胞がもっていて、その周期ではランゲルハンス島の内部ではもちろんのこと、一〇〇万個のランゲルハンス島の集団が集団同期しているのでしょうか。事実そうなっていると考えられます。ベータ細胞の活動を長時間観察しますと、それが単なるバーストの周期的くりかえしではなく、より長い周期で変調を受けた複合的なパターンを示していることがわかります。図36に示したベータ細胞の活動のパターンは、これを顕著に示している一例です。

そもそも、膵臓が周期的にインスリンを分泌することのメリットは何でしょうか。それによって、肝臓がインスリンを取り込む効率が高められるという可能性が考えられます。肝臓の細胞表面に分布する受容体たんぱく質がインスリンを受け入れますが、受け入れ可能な状態にある受容体を十分確保するためには、ひっきりなしにインスリンが流入するよりも、回復時間をあたえてくれる間欠的な流入のほうが望ましいのかもしれません。

それぞれのベータ細胞がもっていると思われるこの長周期リズムの原因は、まだはっきりわかっていません。一説に、この章で紹介した解糖反応の振動が原因だとする見方があります。解糖反応の振動が生命活動にとってどんな意味があるのかについて、現在でも議論があると先に述べましたが、もしそれがインスリンの働きに関係しているなら、それが現実的な意味をもつ一例になるかもしれません。

さらにわからないのは、一〇〇万個のランゲルハンス島がいかなる相互作用によって集団同期できるのかということです。膵臓内では神経節がネットワークを張っていますが、このことから神経伝達物質の一種であるアセチルコリンがランゲルハンス島の相互作用を仲介しているという説があります。しかし、別の可能性も考えられていて、詳しいことはわかっていません。

パーキンソン病の症状と集団同期

細胞が集団として同期することは生命活動にとって常に良いことなのかと言うと、必ずしもそうではありません。本来は同期してはならない細胞集団が、何らかの原因で同期してしまうために生じる疾患があるからです。その代表的な例として、パーキンソン病と癲癇発作があります。以下では、より深刻なパーキンソン病が集団同期とどのように関係しているのかについて紹介したいと思います。

パーキンソン病は脳のニューロンが変質することによります。脳内ニューロンが変質することで生じる別の病としてはアルツハイマー病がよく知られていますが、パーキンソン病はこの種の病としてはアルツハイマー病に次いで高い発症率をもっています。先進国の中では日本は比較的患者数の割合が低いほうですが、それでも一〇〇〇人に一人がこの難病にかかると言われています。

パーキンソン病の主な症状は、思うように動作ができなくなることです。静止した姿勢

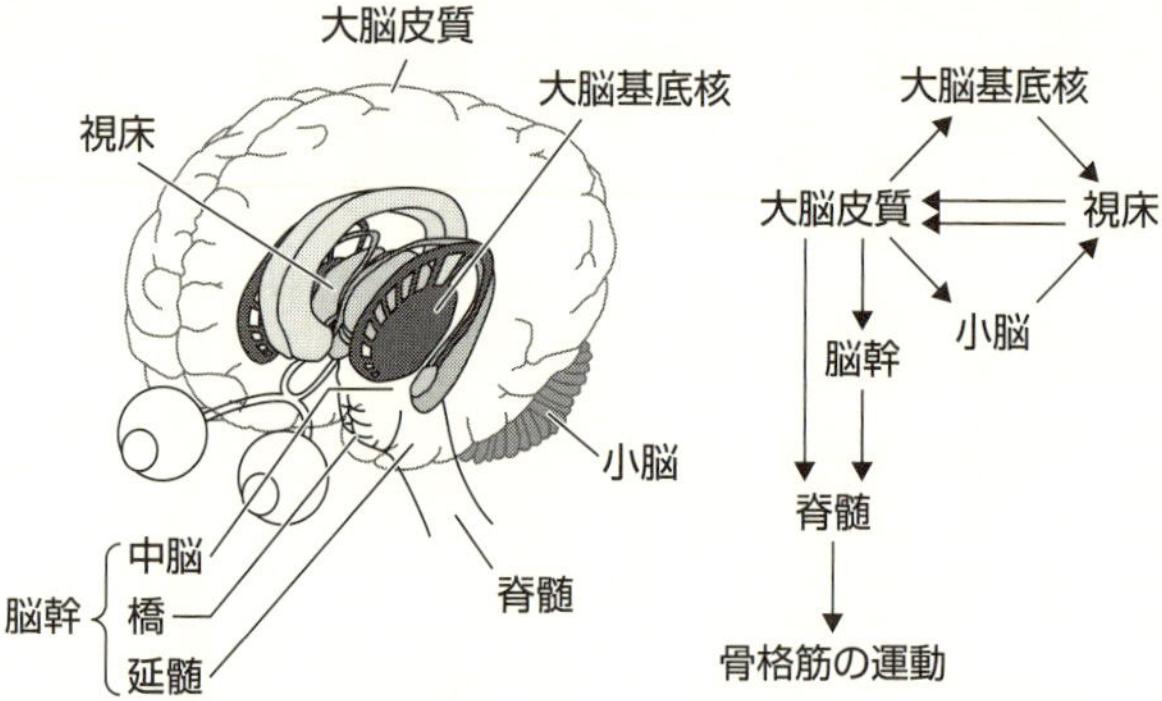

図37　中枢神経系の情報の流れ　脳の主要部位（左）と、身体運動に関係する情報の流れの模式図（右）を示す。パーキンソン病では、フィードバックループ「大脳皮質→大脳基底核→視床→大脳皮質」に障害が起こる。

から運動を開始するのが難しい、すばやい動作ができない、安静時に手足が震える、筋肉が硬直するなどの症状が現れます。

日ごろの何気ない動作、たとえば物を指差すとか目の前のコーヒーカップに手を伸ばすとかの動作も、中枢神経系のいろいろな部分がそれぞれの役割を果たし、相互にうまく連携して初めて可能になります。パーキンソン病は、この複雑な運動制御システムの中で大脳基底核という部分に異変が生じることで起こります。

それがどんな異変なのかを見る前に、そもそも私たちがなぜ体や手足を動かすことができるのかということを、図37を参考にしながらざっと見ておきましょう。ある動作を起こそうとするとき、中枢神経系のさまざまな部分を情報が流れますが、その流れの経路をこの図はごくおおまかに示しています。

まず大脳皮質の運動野は、脳のさまざまな部分から集めた情報をもとにして具体的な運動の指令を出します。図に示したように、その指令は脳幹を経由して脊髄に伝えられます。最終的には脊髄の運動ニューロンが筋肉を刺激してそれを収縮させ、身体運動が生じます。

しかしながら、大脳皮質が発する指令は適切な修飾を受けなければ、まともな身体運動には結び付きません。たとえば、手を伸ばしてコーヒーカップをつかむという動作の例で言うと、まず本人の意志にしたがって、引っ込めていた手が動き出さなければなりません。手先は意図した速さでまっすぐコップに向かって進まなければなりません。また、コップの手前でとまってしまっても、それを通り越してもいけません。手が適当な位置に来たら、指を折り曲げる動作に移ってコップをつかみます。こうした一連の基本動作が正確にとどこおりなく行われるためには、大脳皮質から出た情報が大脳皮質に帰還するフィードバックループが必要です。

図37に示したように、フィードバックループは二つあります。一つは、小脳を経由する

ループで、基本動作がどのような順序で、またそれぞれがどのような持続時間で行われるのかを調整します。もう一つは、大脳基底核という脳の領域を経由するループです。これは意図された動作を開始し、意図されない動作が勝手に起こらないように抑制します。どちらのループも視床を通ります。パーキンソン病で問題が生じるのは、大脳基底核を経由するループです。その原因は、神経伝達物質の一つであるドーパミンが欠乏することによります。大脳基底核の正常な神経活動にとってドーパミンが欠かせないために、その働きが損なわれるからです。

大脳基底核は脳の深いところにあって、それ自身がいくつかのニューロングループの集まりです。これらのニューロングループは、互いに活動を抑制したり促進したりしながら全体として複雑なネットワークを形作っています。ドーパミンを作り出すのは**黒質緻密部**と呼ばれるニューロングループですが、パーキンソン病はこの部分のニューロンが徐々に死滅していくために生じます。死滅するのは、あるたんぱく質がニューロンの中に蓄積するためですが、なぜ蓄積するのかはよくわかっていません。経験的には、たとえば喫煙者がパーキンソン病になりにくいというデータがありますし、農薬を浴びると発症率が上がるのも確かなようです。

黒質緻密部からドーパミンが分泌されなくなりますと、大脳基底核は正常な機能を失います。大脳基底核を含むフィードバックループの重要な役割として、必要なとき以外は勝手に運動が生じないように抑制を働かせ、運動を開始するときにはこの抑制を解除するという機能があるのですが、ドーパミンが不足すると、この抑制解除が難しくなるのです。パーキンソン病の人にとって、静止した状態から運動を開始することや、すばやく動くのが難しいのはそのためです。

集団同期はまさにこの点に関係しています。大脳基底核の内部では、振動子としてふるまうニューロンが集団をなしていますので、それらが同期して集団リズムを生じる可能性は常にあるのです。パーキンソン病では、ドーパミンの欠乏のためにニューロン集団に生じた集団リズムを抑えられなくなり、このリズムが消えるべきときに消えてくれないのです。このリズムは周波数が一五ないし三〇ヘルツですが、この周波数帯域のリズムを一般に**ベータリズム**と呼んでいます。大脳基底核の中には視床下核と呼ばれるニューロンのグループがあります。それは直径五ミリくらいのレンズ状の構造体で、約五〇〇〇個のニューロンを含んでいますが、ここに生じる強いベータリズムが問題を惹き起こしているようです。

ベータリズムが体のさまざまな部分に現れること自体は、異常ではありません。健康な人でも、たとえば腕を伸ばして壁を一定の力で押しているときのように、筋肉を緊張させたままじっとしていれば、このリズムが大脳皮質の運動野や筋繊維に生じます。しかし、静止した状態から運動状態に移るとき、健康な人ではこのリズムが消えます。要約すれば、このリズムが弱まるべきときに大脳基底核がそれを弱められず、そのために運動が抑制された状態が解除されにくいことが、パーキンソン病における問題であると言えます。

脳深部刺激で集団同期を壊す

パーキンソン病の症状を改善するために、L－ドーパという薬が投与されます。L－ドーパはドーパミンの前駆体、つまり細胞内の代謝によってドーパミンに変化する物質です。その効果は目覚ましいものですが、残念ながら五年、一〇年と投薬を続けるうちに効果が低下してきます。薬がきかなくなった患者や薬の副作用が強すぎる患者には、**脳深部刺激**

法という外科的治療法があります。これは脳の深い部分に電極を埋め込み、そこから一〇〇ヘルツ以上の高周波の電気刺激を送ることで、ニューロン集団のベータリズムを消し去る治療法です。集団リズムの消えかたに二通りあることは、先に説明しました。それは脱同期と動的クオラムセンシングでした。脳深部刺激で集団振動が消えるのは、脱同期によります。つまり、電気刺激によってニューロンの振動のタイミングをばらばらに分散させるのです。電極を埋め込む場所は、主に視床下核です。視床下核のベータリズムが抑えられれば、大脳基底核全体やそれを含むフィードバックループのベータリズムも抑えられることが、経験的にわかっているからです。胸部の皮下に埋め込んだ刺激発生装置から、患者自身が必要に応じて刺激を送ります。心臓の人工ペースメーカーに似ていますが、違うのはこの場合集団リズムを生じさせるのでなく、壊すのが目的だという点です。

手術にあたっては、前もって試験的に刺激をあたえて効果を確かめますが、その際に得られるデータはパーキンソン病の解明のために貴重です。次頁図38はそのようなデータの一例です。視床下核の二つのニューロンにそれぞれ微小電極を挿入し、そこから得られた活動電位のパターンが図に示されています。二つの電極は〇・七ミリくらい離れています。

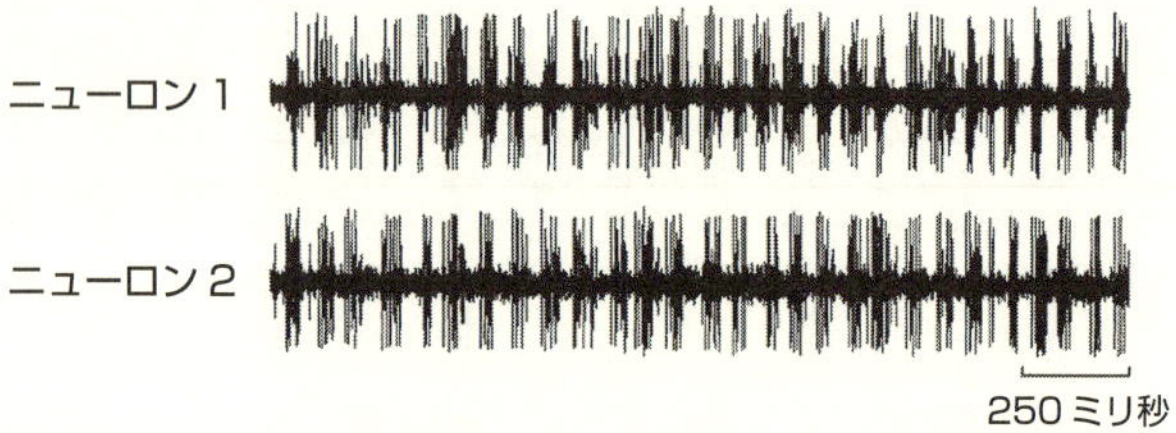

図38　ニューロン集団の集団同期を示唆するデータ　視床下核の2個のニューロンが同期した活動を示している。(R.Levy et al., Brain 125, p.1196, 2002より〈一部改変〉)

それぞれの細胞が発生する活動電位のスパイク列はかなりランダムですが、スパイクの発生頻度は明らかにリズミックな変化を示しています。一見して、二つのニューロンのスパイク頻度が同期して変動していることがわかるでしょう。

　勝手に選んだ二つの細胞が同期しているなら、おそらく集団全体としても同期しているでしょう。この予想を確かなものにするために、細胞の外部に置いた一つの電極で電位を記録します。細胞外の電極がとらえる電位は、電極を中心として一定の距離内にあるニューロン群の平均的な活動を示しています。それは数ミリの範囲に及びますから、視床下核の相当部分の活動の平均を見ていることになります。じっさい、この細胞外電極は、これら一対の細胞のリズムと同じ周期で振動していることがわかりました。

パーキンソン病に対する脳深部刺激法は、日本ではようやく二〇〇〇年に保険適用が認められるようになった比較的新しい治療法です。しかし、高周波の電気刺激を継続的に送ることが果たしてベータリズムを抑える最も効果的な方法なのかどうかは、それほど明らかではありません。刺激法を工夫することで、いっそう効果的に脱同期を達成できるかもしれません。

理論物理学出身で現在はドイツのユーリッヒ研究所の神経科学・医学研究所で活躍しているペーター・タスとその協力者は、数理モデルを用いた解析からヒントを得ることで、新しい刺激法をいくつか提案しています。数理モデルと言っても、現実のニューロン集団を忠実にモデル化したものではなく、第二章で触れた蔵本モデルとほとんど同じモデルです。しかし、脱同期という現象は非常に普遍的な現象ですから、あらゆる振動子集団に共通した脱同期のメカニズムがあると考えられます。したがって、これほど単純化した数理モデルからでも、集団リズムをとめるための有力なヒントが得られる可能性は大いにあります。新しい刺激法の一つとして、タスと協力者は十分強いパルスと比較的弱いパルスから成るペアをくりかえしあたえることを提案しています。まず強いパルスで集団振動の位相をある値に固定しておけば、個々のケースによらず決まった時間の後に決まった強さのパルスをあたえて脱同期させることができるというアイディアです。じっさい、ドイツのケルン市の病院でこうした刺激法の効果が臨床的に確かめられました。この功績でタスと臨床医のフォルカー・シュトゥルムは、二〇〇五年にオーストリア科学アカデミーからシュレーディンガー賞を授与されました。

第四章　自律分散システムと同期

中枢パターン生成器（CPG）が担う身体運動

前章でコメントしたように、コーヒーカップに手を伸ばしてつかむというような単純な動作でも、脳の活動から見るとさまざまな部分の複雑微妙な連携プレーがあるのは事実です。しかし、あらゆる動作が脳からの指令を待たなければ起こりえないのかと言うと、決してそうではありません。脳とは独立に脊髄のレベルで自動的に生み出される身体運動が、いろいろあるからです。中でも人間や四足動物の歩行、魚の遊泳、鳥の羽ばたきなど、リズミックなくりかえし動作がそれです。

もちろん、今から起こそうとしている動作のプランを立てたり、動作を開始あるいは停止したり、絶えず変化する状況を判断しながら動作を転換するなど、意図的な作業の多くに脳は関与します。しかし、少なくとも、くりかえし動作の基本的なパターンを生み出す仕事は、中枢神経系の中でもより末端に近い脊髄以下の神経系に任されています。中枢神経系の上位にある脳は、四六時中膨大な作業を同時並行的に処理しなければならないのでとても忙しく、脳の指令を待たずに、より末端に近いレベルでこなせる仕事はできるだけそちらに任せることが、生き物にとっては合理的です。

ところで、生命活動に限らないことですが、一般に複雑なシステムの中を流れる膨大な情報を処理しながらシステム全体を制御する方式として、二つの対照的な考えかたがあります。一つは、システム内に一つの中心を設けて、それがあらゆる部分の動きに目を光らせながら、全体から集めた膨大な情報をもとにしてシステムの各部分に逐一指令を出し、全体を制御するという考えかたです。つまり、集中管理的・中央集権的な制御方式です。

その対極にある考えかたが、自律分散的な制御法と呼ばれるものです。それは各部分の自律的な動きや、それらの間に自動的に生まれる協調性をできるだけ生かそうとする制御の考えかたです。中央による制御をできるだけ控えめにして、システムに備わっている自律的な能力に大半をゆだねるようなやわらかい制御が、**自律分散制御**です。制御の主体を中央に集中させるのではなく、多くの「地方」を制御に参加させるやりかたです。その意味では地方分権とも多少似ていますが、どれほど地方分権が進んでも中央の行政機関がまったく不要になるとは言えないように、現実には全体の調整役が必要となる場合も多いでしょう。しかし、その役割は**集中制御**における司令塔に比べれば、はるかに負担の軽いものです。

自律分散制御という言葉には工学的な響きがありますが、それがフルに活用されているのは生命活動においてです。リズミックな身体運動の生成はその一例です。そこでは脳は控えめな調整役になっています。もっとも、脳というそれ自体複雑きわまるシステムの中にその働きをコントロールする中心部分があるわけではなく、その意味では脳自身をとてつもない自律分散システムと見ることもできます。このように、システムが複雑になればなるほど、中央集中的なしくみと自律分散的なしくみとが互いに入り組んだ階層的な構造をもつようになるのが自然なのかもしれません。

脊髄のレベルで自動的に身体運動が生み出される証拠として、大脳からの指令を完全に遮断しても、ネコが歩くという事実があります。いわゆる「**除脳ネコ**」による実験です。除脳ネコとはずいぶん残酷であまり好ましい用語ではありませんが、ネコの脳を文字どおり除去してしまうわけではありません。脳幹が脳と脊髄を仲介していることは180頁図37に示したとおりですが、中枢神経系のうち脳幹と脊髄とを併せた部分を脳の他のすべての部分（大脳と小脳）から切り離したネコを除脳ネコと呼んでいます。

このネコは、脳幹に一定の刺激を加えると歩きはじめます。それはこの刺激が脊髄に伝わると、脊髄にある特別の神経ネットワークがリズミックに活動しはじめるからです。この特別の神経ネットワークを**中枢パターン生成器**と呼んでいます。以下では中枢パターン生成器をCPG（central pattern generatorの略）と呼ぶことにします。ネコに限らず、四足動物や人間の歩行のパターンは、CPGによって生み出されると考えられています。脊髄損傷で麻痺した人でも、意図しないのにひとりでに下肢の屈筋と伸筋の活動がリズミックに交替するという報告がありますから、人間にも歩行に関係したCPGが存在することは確かです。

CPGは一種の振動子ネットワークと見なすことができます。それぞれの振動子は活動状態と非活動状態とが交互に現れるようなリズムを示します。このリズムがしっかりした強いものであるためには、この振動子はただ一個のニューロンではなく、ニューロンのグループが作るマクロな振動子でなければなりません。

これらのマクロな振動子は互いに適当にタイミングをずらしながら、つまり適当な位相差を保ちながら同期して活動しています。それぞれの振動子の活動が、運動ニューロンを介して筋肉のそれぞれの部分に働きかけます。したがって、たとえばネコのような四足動物なら、ＣＰＧのこうした活動のパターンが四肢の順序立った運動パターンとして実現されるわけです。四本の肢は適切な順序と時間間隔で動かなければ歩行になりませんが、それに加えて、たとえば後肢の一本を曲げ伸ばしするにも屈筋と伸筋とがある時差をもって交互に収縮しなければなりません。そのためには、屈筋と伸筋のそれぞれに対応した振動子の活動が、適当な時差で同期する必要があります。

除脳ネコが歩けるようになるためには、トレッドミル（リハビリ用のウォーキングマシン）でのトレーニングが必要です。除脳直後には歩けなかったネコが歩けるようになることは、脳の助けを借りずに脊髄だけで学習できることを示しています。経験を通じて脊髄の神経ネットワークの構造が変化し、運動能力を回復するのです。トレッドミルのベルトのスピードを変化させたとき、ネコはそれに合わせて歩調を変化させることも知られています。このことは、脊髄に瞬時の環境適応能力さえ備わっていることを示しています。絶えず変化する感覚情報を脊髄が末梢神経から受け取り、それによって瞬時に身体運動を調整する能力です。

四足動物は移動のスピードによっていくつかのモードを使い分けています。たとえば、ウマでは、ウォーク（並足）、トロット（早足）、キャンター（駆け足）、ギャロップ（早駆け）の四モードがあって、四肢の着地の順序やタイミングの関係によって互いにはっきりと区別されます。これも大脳の関与なしにＣＰＧが環境に適応する能力があることを示す一例です。

ヤツメウナギの遊泳

陸上を移動する人間や四足動物とは違って、ある種の魚は体を波打たせながら水中を移動します。このくねり運動も、歩行と同じように脊髄のＣＰＧによって生み出されます。サメ、ウナギ、キンギョ、オタマジャクシなどに関する研究がありますが、魚を代表して特に詳しく調べられているのはヤツメウナギです。もっとも、正確に言うとヤツメウナギは魚類に属さない、より原始的な脊椎動物の一種で、四億五〇〇〇万年昔に脊椎動物の主要な系統から分かれたと考えられています。ちなみに、ヤツメウナギは、蒲焼にするふつうのウナギとは違います。古代から現在まで食用としても珍重されていますが、養殖は不

図39　ヤツメウナギ　波打ち運動による遊泳の神経機構を研究するモデル生物として研究されている。主に北半球を中心に広く分布し、日本でも北海道、東北地方などに棲息する。全長は8〜90センチで、「ヤツメ」の名の由来となる目の後ろに並ぶ七つの丸い器官は、水を排出する鰓孔。©PPS通信社

可能で、水揚げ量もごくわずかです。

　ヤツメウナギの運動パターンが図40に示されています。これは真上から見た図です。動きはほぼ水平面内に限られ、上下動はほとんどありません。波打ち運動が波動として頭から尾のほうに伝わり、これによって前進しているのがわかるでしょう。速く泳ぐときはこの波が速く伝わります。しかし、図に示したような一周期にわたる波形変化の一連のパターンは、泳ぐ速さには関係なく一定です。特に、頭のてっぺんから尾の先までが常に一波長に保たれているのは注意を惹きます。波の進行方向が逆転して、尾から頭のほうへ伝わることもあります。その場合は、当然あとずさりすることになります。

　ヤツメウナギのCPGを調べるために中枢神経系を体外に取り出し、さらに脳の上位部

分を取り除いて脳幹と脊髄だけにします。そこで脳幹を一定の強さで刺激しますと、特徴的な活動パターンがこの神経系に生じます。これを**虚構運動**と呼んでいます。なぜ「虚構」なのかと言うと、じっさいに身体運動（ここでは波打ち運動）が生じているわけではないけれども、もしも筋肉がこの神経系に付随しているとすれば、この神経活動パターンは現実の身体運動を生み出すはずだからです。この場合、脳幹の役割は除脳ネコの場合と同様で、それを刺激することでＣＰＧの活動を開始させること以上ではありません。

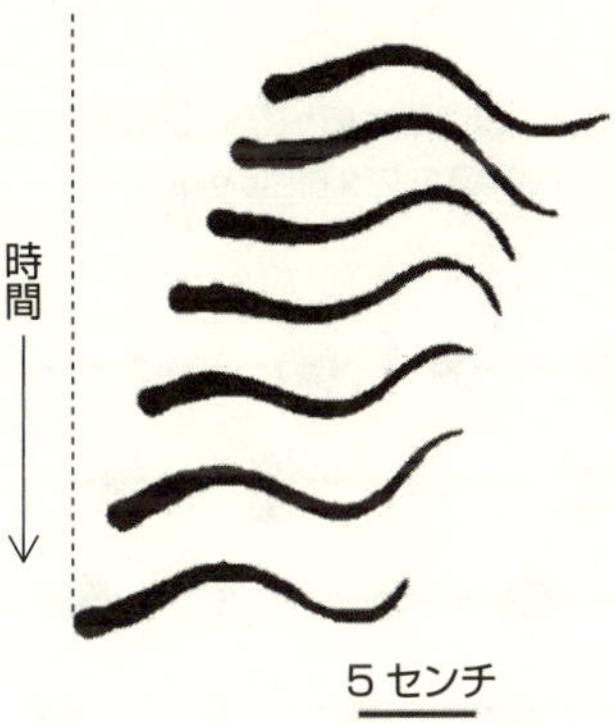

図40　ヤツメウナギの波打ち運動のパターン　周期に関係なく、常に１波長分だけ体をくねらせる。（O.J.Mullins et al., Prog. Neurobiol. 93, p.244, 2011より〈一部改変〉）

ヤツメウナギの長い胴体に沿って、約一〇〇個の筋節が連なっています。それぞれの筋節を刺激する神経節も、数珠のように連なっています。ただし、体の右側を刺激する神経節と左側を刺激する神経節とが必要ですから、一〇〇個の神経節から成る数珠が二本必要です。それに加えて二本の数珠を橋渡

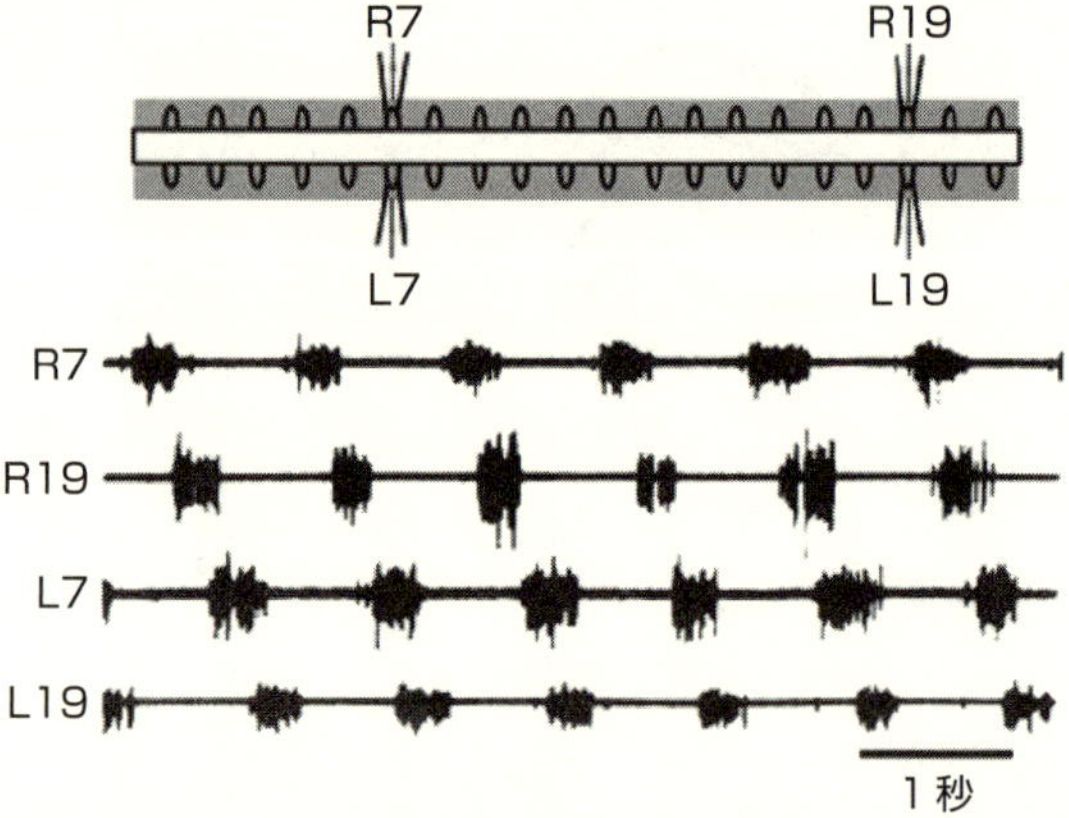

図41　ヤツメウナギの筋節の2箇所における神経活動　筋節の神経活動が左右で互いに逆位相に同期している。（O.J.Mullins et al., Prog. Neurobiol. 93, p.244, 2011より〈一部改変〉）

しする横断的なつながりもあることを考えると、数珠と言うより縄梯子をイメージしたほうがよいかもしれません。これがヤツメウナギの波打ち運動に関するCPGです。脊髄全体では約一〇万個のニューロンがありますから、各神経節はおよそ五〇〇個のニューロンの塊で、互いによく似た性質をもっています。一つの神経節が一つのマクロな振動子の役割をもっています。このような振動子が一個ずつ縄梯子の節目にあって、それぞれが近くの筋節を刺激して収縮させるというイメージです。

片側の体側に注目して頭のほうから順

番に、筋節に一から一〇〇までの番号を振ったとしましょう。これに対応して神経節にも一から一〇〇まで番号を振ります。神経活動の波は一、二、三、……の順に神経節の鎖の上を伝わっていきます。活動状態にあるn番目の神経節が同じ番号の筋節を収縮させることで、収縮波が体側に沿って伝播することになります。しかし、左右の体側が同じタイミングで収縮弛緩したのでは、体は波打つことができません。体を波打たせるためには、右の体側のある筋節が収縮するときにはそれと同じ番号の左の体側の筋節は弛緩していなければなりません。つまり、これらの筋節を刺激する左右一対の振動子は、逆位相になっていなければなりません。図41はいくつかの筋節の周期的な電気的活動を示したものですが、じっさい左右の体側でほぼ逆相に同期していることがわかるでしょう。

ミミズはいかにして地を這うか

ヤツメウナギは体を波打たせることで水を後方に押し出し、それによって推進力を得ています。しかし、たとえばミミズがそのまっすぐな体を左右にくねらせることもなく、どうやって地上を移動できるのかは、それほど自明ではありません。カタツムリや地上を這うときのヒルなどもそうで、一般に足のない生き物が蛇行しないでどうして推進力を得ているのかという問題があります。ヘビはその名のとおり必ず蛇行するのかと言うと、必ずしもそうではなく、ミミズのようなやりかたで這うものがいます。

これらの生き物を観察しますと、頭から尻尾に向けて、または尻尾から頭に向けて周期的に波を送り出しているのが見られます。これはヤツメウナギと同じようにＣＰＧの活動によるもので、それがこの場合も前進運動を可能にしているのは明らかです。しかし、ここで問題にしたいのはＣＰＧの神経機構ではなく、このような波が存在することを認めた上で、それが前進運動にどのように結び付くかということです。以下ではミミズを念頭に置いていますが、同じメカニズムは多くの足なし動物に共通するものです。

この波は**蠕動運動**の波です。つまり、筋肉の収縮した部分が、体軸に沿って一定速度で移動するのです。図42に示したのはそのイメージで、そこではミミズ的な生き物をひとつながりの体節をもった物体のように見なしています。体節には弛緩した状態と収縮した状態があり、同図では収縮したいくつかの体節から成るブロックが頭から尻尾のほうへ一定速度で移動しています。このような収縮波が頭部のあたりから周期的に送り出されているのです。その点ではヤツメウナギに似ています。

もちろん、収縮波だけでは移動できません。接地面との摩擦の強さを収縮波と連動させることで初めて前進することが可能になります。図では、収縮した部分で地面との摩擦が強くなっています。話をわかりやすくするためにこれを誇張して、収縮した部分では腹が地面にぴったりくっついて滑ることがなく、逆に弛緩した部分は地面に対して自由に滑ることができるとしましょう。収縮した体節のブロックが一体節分だけ尾のほうに後退するごとに、このブロックの先頭の体節は弛緩して伸びるわけですが、収縮部分の腹は地面にぴったりくっついて滑りませんから、

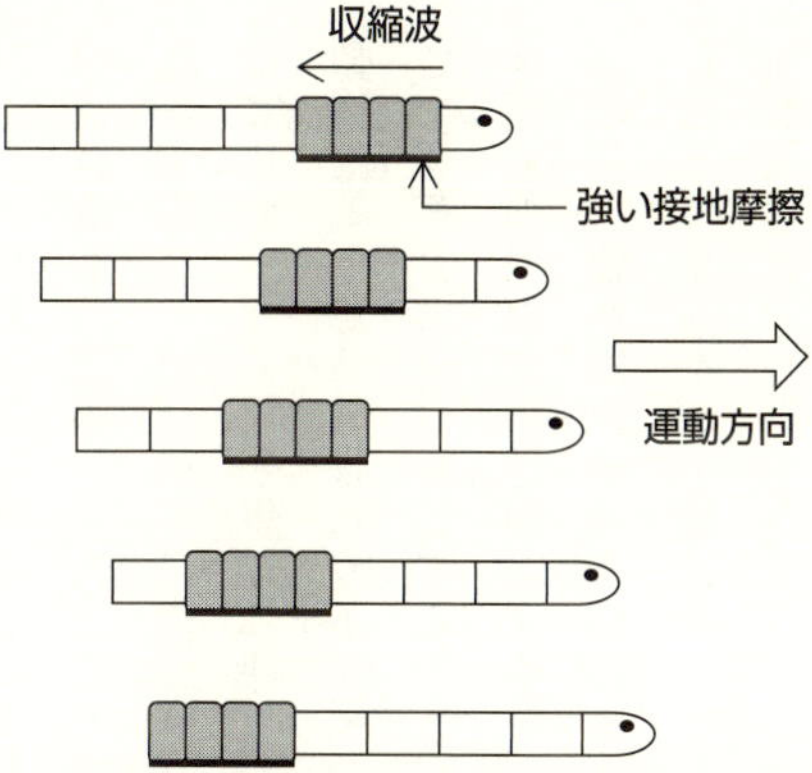

図42　蠕動による前進運動のメカニズム　ミミズのような生き物を、多数の筋節をもつ物体として単純化している。体節の収縮した領域が、後方に伝播している。収縮部分は他の部分よりも接地摩擦が強いので、下半身をたぐり寄せて上半身を前に押し出す形で全体は前方に移動することができる。

弛緩した体節は前方に伸びるより他ありません。このようにして、一歩一歩体が前方に押し出されるわけです。一方、このブロックの最後尾では、そのすぐ後ろの体節が次の瞬間に収縮することで、前方にたぐり寄せられることになります。一言で言えば、下半身をたぐり寄せつつ上半身を前方に押し出すことで、継続的な前進運動が可能になるわけです。

動物によっては、収縮波が尻尾から頭の方向に伝播します。たとえば、カタツムリがそうです。その場合、もしミミズと同じように収縮した部分で地面を強くとらえ、弛緩部分は地面との摩擦が小さいとすると、前進運動ではなく後退運動になってしまいます。観察によると、確かにカタツムリはミミズとは逆に弛緩部分でしっかりと地面をとらえていて、これによって前進が可能になっています。

横浜国立大学の田中良巳さんと共同研究者たちは、蠕動運動による移動のメカニズムを言葉による解釈ではなく、非常にシンプルな数式できれいに説明しました。田中さんらの研究で特に面白いのは、このような移動のメカニズムが、たとえばムカデやヤスデのような多足類の移動のメカニズムと本質的に同じだという事実を見出したことです。イギリスの寓話に「どうしてそんなたくさんの足で歩けるのかをムカデにたずねたところ、考えはじめたムカデはとたんに足がもつれて歩けなくなりました」というのがありますが、田中さんたちの見方だと、ムカデやヤスデは足で歩いていると言うよりも蠕動運動で移動しているとみるほうが自然のようです。

その理由はこうです。移動中のムカデの足の動きを見ると、一本一本は振り子のように前後に振れています。しかし、すべての足がいっせいにタイミングを揃えて前後に振れているわけではありません。振れのタイミングは体軸に沿って少しずつずれています。その結果、スタジアムの観衆のウエーブのように一方向に波が伝わります。ムカデでは尾から頭のほうにこの波が伝わる場合がよく見られます。最も速いタイミングで足が振れるのは尾の付近で、頭のほうにかけて次第にタイミングが遅れるとこうなります。足の振れがこのように同時的でなくなりますと、足先が混み合った部分とばらついた部分が必然的に生じます。いわば、疎密波が生じるわけです。そして、この疎密波が最後尾から前方に周期的に送り出されます。波の進行方向は別として、これはミミズやカタツムリでの収縮弛緩の波とよく似ています。したがって、蠕動による移動の原理をそのまま適用すれば、足先がばらついたところで地面を強くとらえることで、このムカデは前進することになります。

しかし、同じ一匹のムカデが、場合によっては逆に頭から尻尾に向けて波が伝わることもあるようです。もちろん、その場合は足先が混み合ったところで地面を強くとらえることで、前進しているに違いありません。

自律分散制御システムとしての粘菌

生き物の**ロコモーション**（空間移動）はＣＰＧと呼ばれる神経ネットワークによって制御されることを、ヤツメウナギを例に挙げながら先に解説しました。ＣＰＧは自律分散的な制御の一例として、しばしば引き合いに出されます。それは何よりもまずＣＰＧが大脳とは独立に、自律的に身体運動の基本的パターンを生み出すからですが、それに加えて複雑に変化する環境にもある程度適応できる能力をＣＰＧがもっているからでもあります。

たとえば、ヤツメウナギでは、まわりの流れの速さが変わるなど遊泳環境が変化しますと、脊髄の外側縁と呼ばれる部分にある感覚受容器が、それをすばやくキャッチします。そして、ＣＰＧにその情報を送って、波打ち運動のリズムを状況に合わせて修正します。除脳ネコにも環境に適応する能力があることは、前に触れました。人の歩行についてはどうかと言いますと、たとえば平坦な道が突然上り坂になると、歩行者はとっさに足の踏ん張りかたや体重のかけかたを変えるでしょう。そのとき、歩行者は大脳が関与しない反射的適応能力に助けられているはずです。もっとも、目を閉じていたのではたちまちバランスを崩してしまうことからもわかるように、視覚野など大脳皮質が重要な役割を果たしていることも明らかです。しかしながら、少なくとも脊椎動物に関しては、リズミックな運動パターンの基本型を生み出すことと、それをある程度環境に適応させるという役割については、脊髄以下の下位中枢にゆだねられていると言えるでしょう。

ところが、同じ生き物とは言っても、アメーバの動きを見ていますと、これら高等な生き物とはずいぶんようすが違います。アメーバは無定形で神経も血管もない生命体なのに、見事に環境に適応しながら動き回るのです。真性粘菌変形体と呼ばれる巨大化した単細胞生物のアメーバについては、その運動に関する多くの報告がありますが、それは一〇〇パーセント自律分散的な制御による運動と言ってよいでしょう。どこにもリーダーはいないのに状況に応じて姿を変える魚の群れの統制の取れた動きも、これに似たところがあります。真性粘菌の行動が生物学の中の一専門分野を超えて工学、物理学、情報科学、認知科学等に及ぶ広い分野の関心を呼んでいるのも、理由のないことではありません。

粘菌にも多細胞のものと単細胞のものとがありますが、真性粘菌というのは単細胞の粘菌のことです。単細胞であるにもかかわらず、条件が許せば何センチもの大きさに成長することがあります。真性粘菌にはライフサイクルがあって、たとえば胞子となって植物のように過ごす時期もあれば、アメーバとなって栄養物を求めて盛んに動き回る動物的な時期もあります。アメーバは**誘引刺激**、すなわちアメーバにとって好ましい刺激を感じると、その源に向かって動いていきますが、興味深いのはそのメカニズムです。移動と言っても、アメーバは体を自由自在に変形させることができますので、仮足と呼ばれる一時的な突起を出しながら這い回るわけで、組織や器官が分化した生き物が体の形を基本的に変えないで移動するのとは機構がまったく違っています。

真性粘菌の代表格であるモジホコリの変形体の行動に関しては、その方面の研究では第一人者の北海道大学の中垣俊之さんが、『粘菌―その驚くべき知性』というとても刺激的な著書の中で平易に解説されています。同書を読むと、単細胞の粘菌が完全な自律分散制御系としていかに高度な「知性」を発揮するかに驚かされます。

粘菌はブドウ糖などの栄養物質や湿り気のある場所を好みますので、そちらのほうに移動していきます。逆に、嫌いなもの、たとえば冷たすぎる環境とか、ある波長の光を感じると、そこから逃げようとします。これら自体はある意味で単純な能力ですが、中垣さんと共同研究者たちは、粘菌変形体のこのような基本的能力をひとまず自明のこととして認めた上で、粘菌を引き寄せる餌を一箇所ではなくあちこちに置いてみました。粘菌は自由に変形できますので、分裂することなしにすべての餌にありつけますが、体の一体性を保つために複数の餌場を管でつなぐ必要があります。そのつなぎかたにおいて粘菌があっと驚くような「知性」を示すのです。中垣さんたちはこの研究によって二〇〇八年にイグ・ノーベル賞（認知科学賞）を受賞されました。中垣さんたちの研究は『ネイチャー』誌に掲載される

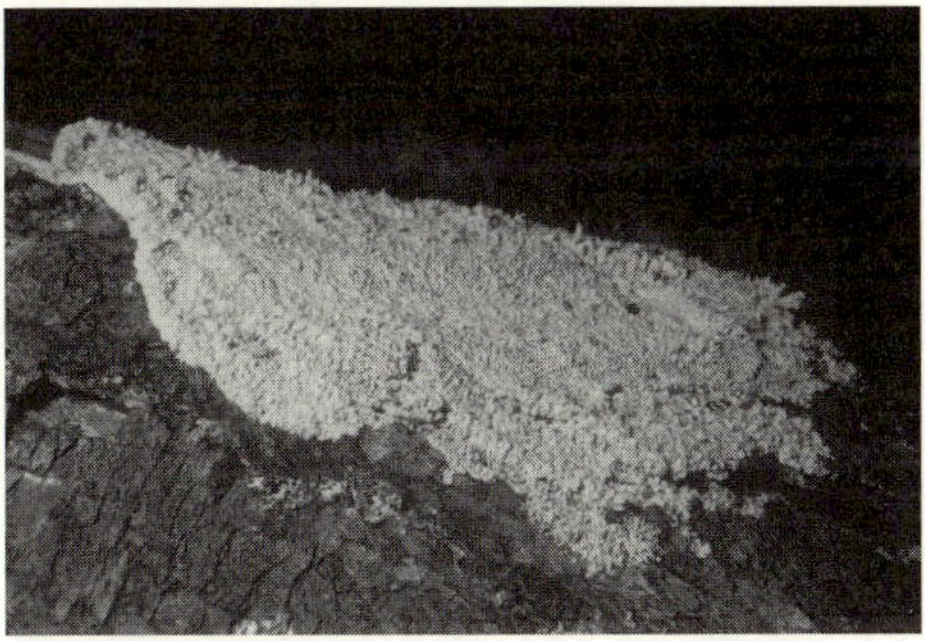

図43　真性粘菌モジホコリ　神経系をまったくもたない真性粘菌のアメーバ運動は、完全な自律分散制御によっている。©PPS通信社

ような真に学問的価値の高い研究ですので、イグ・ノーベル賞が単に笑いを誘うような面白い研究に贈られる賞であるという認識は正しくありません。

先にアメーバの「知性」と言ったのは、たとえば迷路の問題で最短ルートを見付け出す能力です。これはカーナビなどにも応用できるかもしれません。より詳しいことについては中垣さんの本を見ていただくことにして、一つの餌を目指して移動していくという一見単純な行動のメカニズム自体が、実はひと筋縄ではないのです。世界の研究者が長年精力的にその解明に取り組んできたのに、いまだにはっきりしないのです。運動器官の分化というものがまったくないだけに、かえって難しいのかもしれません。次に、これについてもう少し説明を加えたいと思います。

アメーバ運動のメカニズム

アメーバ運動のメカニズムに密接に関係した事実として、次のことがわかっています。まず、変形体の内部では原形質が絶えず流動しています。高等な生き物は情報伝達や物質輸送を行うために神経系や血管を発達させていますが、粘菌にとっては原形質の流動がそれらの役割すべてを担っています。変形体のどの部分でも原形質の流れは数分周期で向きが反転します。この周期的な流動を惹き起こす力は、変形体を覆っているゼリー状の外質が収縮と弛緩をリズミックに交代させていることから来ています。これは筋肉の収縮弛緩に似ていて、筋肉がそうであるように、カルシウムイオンの濃度が低い環境の下では弛緩状態にあり、その濃度が高くなると収縮します。したがって、外質が収縮弛緩をくりかえすのはカルシウムイオンの濃度がリズミックに変動することによります。細胞内で進行している何らかの化学反応が解糖反応のように振動する反応であるために、カルシウムイオンの量もそれに連動して変化しているのでしょう。しかし、その化学反応の具体的内容については、よくわかっていません。

外質のある部分が収縮しますと、その部分の厚みが減って内部の圧力が上がります。そのために、原形質はそこから押し出され、弛緩している別の部分の外質を膨らませます。変形体内部の原形質の総量は一定ですから、変形体全体がいっせいに縮んだり膨らんだりすることはできず、一部で外質が縮めば別の部分で外質は膨らむことになります。しかし、一箇所で見ていると収縮と弛緩が周期的に交代し、それに合わせて原形質の流れも行ったり来たりします。

こうした原形質の往復運動が変形体の移動とどのように関係しているかが問題ですが、ある方向に変形体が移動するということは、原形質が往復運動しつつも差し引き移動方向に余分に流れているということです。結局のところ、誘引刺激を粘菌が感知したとき、その内部になぜこのように非対称な往復流動が惹き起こされるかが問題になります。

これに関連して、一つの重要なヒントになりそうな事実が北海道大学の松本健司さんたちによって見出されています。それによりますと、変形体の一部が誘引刺激を感知すると、その部分ではリズムが速まります。そのために、それがペースメーカーとなって、そこを発生源とする収縮波が周期的にまわりに伝わるのです。波の発生源では位相が最も進んでおり、波の下流ほど位相は遅れています。つまり、ペースメーカーを頂上とする**位相の坂道**ができています。そうだとすれば、原形質が往復運動をしつつも、平均として位相の坂道をよじ登る方向に重心を移していくことができるなら、粘菌は餌に接近できるということになります。位相の勾配という方向性をもった情報を利用しながら、粘菌は何らかの方法でそれを原形質の非対称な往復運動に変換しているのではないか、という考えは非常に魅力的です。

収縮弛緩の波動を利用して、その上流方向、つまり位相の坂道をよじ登る方向に重心を移動させるという点では、ミミズもそうでした。ミミズの場合は収縮弛緩のリズムに合わせて接地面との摩擦を変化させることで、これが可能でした。ミミズと違って粘菌変形体には頭も尻尾もありません。しかし、誘引刺激によって一時的に前後の非対称性をもった生き物に粘菌が変身するのだと考えれば、ミミズのような足なし動物に似た移動のメカニズムを粘菌に期待しても、あながち不合理ではありません。

しかし、事はそれほど単純ではないということも付け加えておかなければなりません。そもそも、粘菌が移動する際に、培地（実験では寒天を用います）と接する面の摩擦がどうなっているかを調べたという話は聞きません。まして、その摩擦が外質の収縮弛緩に協調して変化しているかどうかなどは、まったくわかっていません。それと、松本さんたちの実験では、粘菌の外部ではなく内部に刺激源を置いていることや、刺激に対する反応を長時間にわたって観測したわけではないことなど、あくまで限定された条件の下で行われたものだということも考慮しておく必要があるでしょう。したがって、その結果がどれほど一般性をもつものか、即断は禁物です。じっさい、別の条件下では、収縮波の下流に向かって粘菌変形体が移動するという報告もあり、事態はかなり混沌としています。一見単純に見えるロコモーション一つとっても、この単細胞生物はかなりのしたたか者です。

ロボットのありかたを再考する

ところで、アメーバのように自由自在に形を変え、時には分裂したり融合したりしながら刺激に誘われて移動する「ロボット」を作っている科学者がいます。東北大学の石黒章夫さんのグループです。以下でその内容を紹介しましょう。

ロボットと聞けば、人間そっくりに作られた人型ロボットや、災害時や生産の現場で活躍する作業ロボットなどがすぐに思い浮かびます。じっさい、お年寄りや体の不自由な人を手助けする介護ロボットや、人が近づけない災害の現場に投入される作業ロボット、自動車や電気製品の部品を組み立てたり搬送したりする産業用ロボットなど、現代人の生活にとってロボットが果たす役割の重要性は明らかです。実用面で有用なだけでなく、たとえば、ぞっとするほど人の顔に似たロボット（アンドロイド）が歌ったり表情を変えたり人の呼びかけに応えたりすれば、大人も子供も大いに好奇心をかき立てられ、想像を膨らませます。

しかし、石黒さんたちが現在取り組んでいるロボットは、昨今のメディアをにぎわしているこのようなタイプのロボットとはずいぶん趣が違います。それは石黒さんたちの関心が「生き物らしく、しなやかにやわらかに動くロボット」を作ることにあるからです。裏を返せば、テレビや新聞によく登場するようなロボットには生き物とは違うぎこちなさ、、、、、があるということです。ロボットの物真似をする芸人は、そのぎこちなさを真似ることで笑いを誘っています。ロボットとは何となくぎこちないものという固定観念は、かなり強いものです。

動きがぎこちないだけでなく、ロボットは一般に融通がききません。つまり、あらかじめ想定された状況のそれぞれには的確に対応できるようにプログラムされていますが、思いがけない状況に出くわすと、まったくの無能をさらけ出してしまいます。転んでも立ち上がりながら、想定外の悪路をものともせず、足場を選びながら歩き続けるような二足歩行ロボットにはなかなかお目にかかれませんし、あらかじめ決められた作業でなくても、それに似た作業をあたえれば何とかこなせる、というような産業用ロボットもあまり聞きません。

こうした意味での「融通のきく」ロボットはいずれ実現するかもしれませんが、現在のロボットで採用されている制御方式を根本から変えない限り、いずれ壁に突き当たるかもしれません。現行の制御方式とは集中管理的・中央集権的な制御方式です。そこではコンピューターのCPUのように、プログラムにしたがってロボットのすべての可動部の動きかたをいちいち指示するような司令塔があります。生き物らしい動きをこの方式で実現するためには、想像を絶するほど膨大なプログラムと計算の超高速化が必要でしょう。それが不可能と断定できるかどうかは別にして、現実の生き物をつぶさに観察すれば、この制御方式に固執し続けるのは決して自然な道ではないことがわかるでしょう。

このような考えから、ロボティクスサイエンスの分野で活躍する石黒さんとその研究グループは、真性粘菌で実現されているロコモーションの制御に着目しました。真性粘菌は、集中制御とは正反対の完全に自律分散的な制御によって融通無碍に運動する生き物の代表だからです。そのアメーバ運動を人工物によってまがりなりにも再現できるなら、それはロボットに対するこれまでの考えをくつがえすような新しいロボットの開発に向けた第一歩となるでしょう。石黒さんたちのもう一つの目的は、生き物がなぜ絶えず変化する状況に適応しながら動けるのか、そのからくりをロボットの製作を通して深く理解することです。じっさい、複雑なシステムを理解する上で「作りながら考える」というアプローチの有効性は、現在では広く認められています。

アメーバロボットの斬新なしくみ

石黒さんたちはこれまでに数種類の**アメーバ型ロボット**を試作していますが、ここではそのうちの最初のバージョンについて簡単に触れておきます。それは同じ形をした複数の機械ユニット（モジュール）の集合体で、一般に**モジュラーロボット**と呼ばれているものの一種です。各モジュールは粘菌変形体の体の一部を代表しています。その集団はアメーバのようにべったりとした連続体ではありません。しかし、アメーバが仮足を出しながら移動するように、このロボットは環境の変化に応じて集合体の形を自由に変えることができ、誘引刺激を感じると、障害物があってもうまくクリアしながらそちらに近づいていく

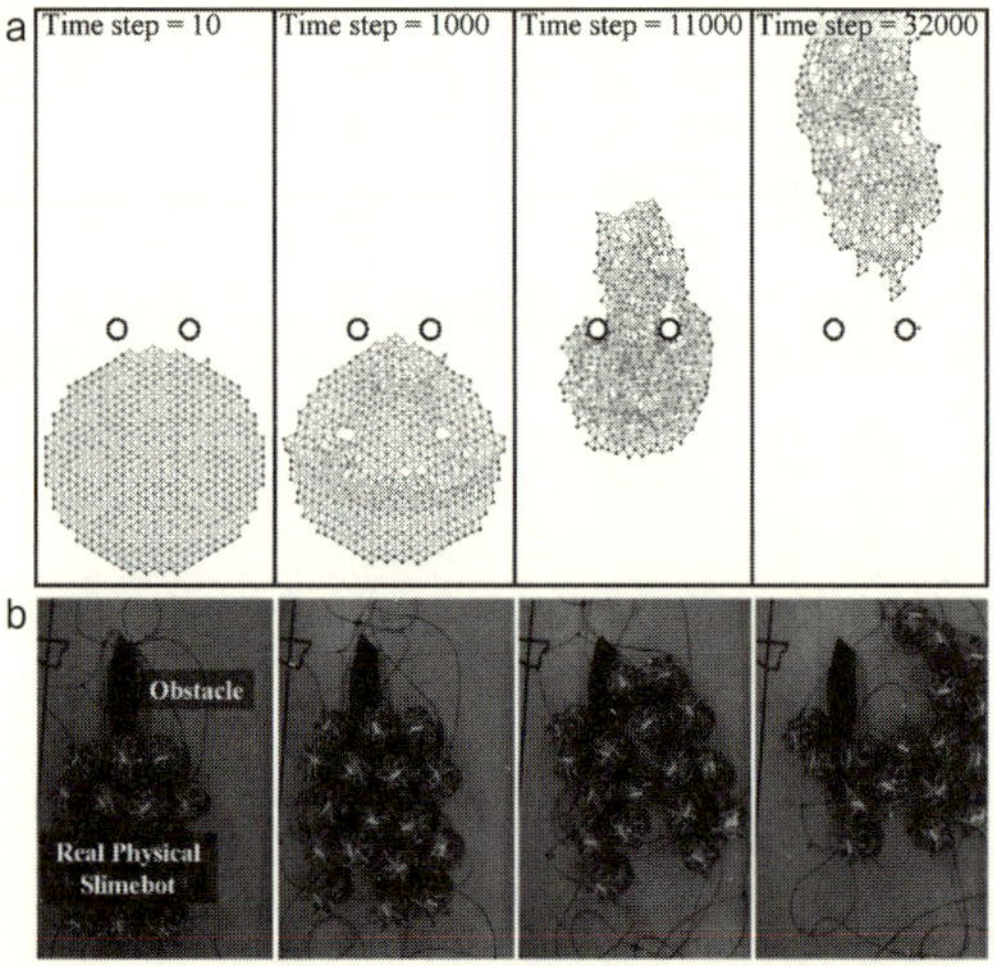

図44　誘引刺激の源に向かって移動するアメーバロボット
aは計算機シミュレーション、bは実機による実験結果。誘引刺激として紙面の上方から光刺激をあたえている。時間の経過（左から右）とともに、aでは障害物（二つの小円で示される）を呑み込み吐き出しつつ、bでは障害物を迂回しつつ誘引刺激に接近している。
提供：東北大学　石黒章夫

ことができます。逆に、危険を知らせる刺激からは逃避します。個々のモジュールはごく単純な機能しかもっていないのに、それらが集団をなすと「知能」を発揮するのです。

それが具体的にどんなモジュールであり、モジュールどうしはどのように相互作用するかについての説明は後回しにして、まず計算機シミュレーションによるモジュール群の動きと試作した実物の動きの一例を図44に示します。そこでは紙面上方からロボットが好ましいと感じる光を誘引刺激としてあたえています。小さい二つの円で示した障害物を集団がものともせず、それらを呑み込み吐き出しつつ刺激源に接近しているようすがわかるでしょう。

アメーバロボットは真性粘菌変形体から着想を得たロボットではありますが、粘菌のロコモーションの機構そのものがまだよくわかっていないことは、先に見たとおりです。そこで、アメーバロボットの製作にあたっては、粘菌に見られるいくつかの特徴を採り入れる一方で、わからない部分については適当なメカニズムを仮定して、それを補うことになります。当面の目標は、完全な自律分散制御によってアメーバのような運動が人工物でも実現できることを示すことにありますから、現実のアメーバ運動を忠実に再現することは必ずしも重要ではありません。

それぞれのモジュールは、発振する電気回路を内蔵しています。すなわち、振動子が組み込まれています。したがって、モジュールは粘菌変形体の体の一部と同じように位相という基本的な情報量を担う機能単位になっています。体のある部分と別の部分とを比較したときに、どちらの位相が進んでいるか、あるいは遅れているかがロコモーションにとって重要な情報となっていることは、アメーバも脊椎動物も変わりがないように見えます。

そこで、ロボットにも同じ原理を採り入れようというわけです。誘引刺激を体の一部が感じると、その部分の振動が早まり、他の部分より位相が進むということは、粘菌変形体の実験からも示唆されました。アメーバロボットでは、この事実に対応してモジュールのセンサーが誘引刺激、すなわち光を感知すると、発振回路の振動が速まるようにしておきます。

このように各モジュールは位相という情報を担う振動子として機能しますが、同時にそれは力学的な機能単位でもあります。じっさい、粘菌変形体の各小部分は、収縮弛緩することで原形質を押し出したり引き入れたりする力学的な機能をもっていました。アメーバロボットでは、各モジュールはその中心から放射状に伸びた六本のアームをもっていて、操舵輪のような形をしています。それぞれのアームをあるルールにしたがって伸縮させることで、粘菌の「押し合いへし合い」に似た動きを実現することができます。各モジュールは粘着テープの外皮で囲われています。そのため、アームが伸縮すると、あたかも粘着性の膜をもつ細胞が変形するように外形を変形させ、二つのモジュールがいったんくっつくと、引き離すのにある程度以上の力が必要です。これによって、集団の動きに融通性が生まれます。

各モジュールは、情報と力学という二つの側面をもつ機能単位だということがわかりました。隣り合うモジュールの間でも、これら両側面に対応して二種類の相互作用が必要です。つまり、力学的な「押し合いへし合い」による相互作用とともに、振動子としての相互作用、つまり隣のモジュールとの位相関係を調節する相互作用が必要です。そして、ミミズが収縮波の位相と接地摩擦とをうまく関連づけて移動したように、これら二種類の機能をうまくかみ合わせることで、目的にかなった移動を実現しようというのです。

隣のモジュールとの位相関係を調節できるようにするために、各モジュールは赤外線通信ユニットを内蔵しています。これによって、隣のモジュールが今この瞬間にどんな位相状態にあるかがわかり、自分自身の位相状態と比較することができます。そして、そこに位相差があれば、それに応じて自らの位相を調節できるようにしておきます。具体的には、位相を揃えるような相互作用（同相結合）が働くようにしておきます。こうすることで、刺激を感じた部分がペースメーカーとなって、そこを発生源とする波が周囲に伝わることになります。

このように、モジュール間には振動子としての相互作用と力学的な相互作用が同時並行で働いているわけですが、先に述べたようにモジュール集合体の望ましい動きが実現できるためには、この両者がうまく関連づけられなければなりません。松本さんたちによる粘菌の実験では、誘引刺激を強く感じている体の部分が収縮波の発生源になっていました。そうだとすれば、粘菌は収縮波の上流に向かって原形質を移動させることで、刺激源に近づくことができます。波の上流ほど位相が進んでいますから、これは位相の坂道をよじ登る方向へ原形質が移動することを意味したのでした。アメーバロボットでもこれと同様の関連づけが位相状態と力学運動との間でなされればよいわけですが、問題はこれをどう実現するかです。先に触れたように、粘菌ではこれについては不明でした。したがって、アメーバロボットではこの部分を何らかの仮定で補う必要があります。

そこで、ミミズなどの足なし動物に見られる機構を借用することで、位相状態と力学運動との関連づけを行うことにしました。ミミズでは、体節が収縮から弛緩に転じるときにそれが膨張することで隣の体節を押す力が働き、同時にその接地摩擦が減少しました。逆に、弛緩から収縮に転じるときには隣の体節をたぐり寄せる力が働き、同時に接地摩擦は増大しました。これによって、位相の坂道をよじ登る方向、つまり位相がより進んだ方向に重心を移動させることができたのでした。

一方、アメーバロボットではモジュールの位相値がある領域、たとえばゼロ度から一八〇度の間に入ったときアームが伸縮可能となり、同時に接地摩擦が減少して自由に動ける状態になるようにしました。逆に、位相がその領域から出ていくと、アームはその自然長に固定され、接地面とも固着するようにします。これは「踏ん張り力」を生むためです。このような運動ルールにしたがわせることで、各モジュールは自分より遅れた位相をもつすぐ後ろのモジュールを自らにたぐり寄せ、位相が進んでいるすぐ前のモジュールを前方に押し出す効果が得られます。したがって、これは蠕動に似た機構によるロコモーションです。

アメーバロボットには凝集力も必要です。集団がばらばらになってしまわないように、できるだけ一団になって行動しなければならないからです。凝集力は次のようにすれば導入できます。集合体のへりの部分に位置しているモジュールがそのことを感知し、その結果自身のリズムを多少遅くするというルールを課すのです。そうすると、各モジュールは自分より速いリズムのモジュールに同期しながらそちらに近寄ろうとする性質がありますから、外縁部のモジュールは内側に向かおうとします。これが凝集力を生むことになります。

しかし、凝集力が強すぎても、集団の動きが融通のきかないものになるでしょう。216頁図44で見たように、アメーバロボットは障害物に出会っても、それを呑み込み吐き出しつつ前進することがあります。これが可能なのは、粘着テープでくっついた二つのモジュールが、ある程度以上の力を受けると分離するようになっているからです。

以上に紹介したような研究はまだ始まったばかりですが、今後どれほど生き物らしく融通無碍でしなやかなロボットが登場するか、研究の発展が非常に楽しみです。

交通信号機のネットワーク

ロボットに限らず、複雑な制御が必要な人工システムに自律分散方式による制御を広く適用できないかと考えるのは自然です。一九九〇年頃から、日本でも工学分野を中心にこうした動きが活発になってきました。集中制御方式の数々の利点を決して軽んじるわけではありませんが、明らかにこの方式が不得手とするタイプの制御問題が広く存在するのも事実です。集中制御の本質的な弱点がどこにあるのかを冷静に見極めることはとても大切だと思うのですが、この方式は長年にわたって扱いなれたものであるだけに、そこから脱皮するのは容易ではありません。コンピューターの目覚ましい進化も必要以上にその延命を助けているように見えます。しかし、集中制御方式を実行するために必要な計算量がおよそどれほどのものかを考えますと、制御すべき変数の数が増えるにつれてそれが爆発的に増大するような制御問題は珍しくありません。いかにコンピューターの進化が早いと言っても、遠からずこの方式に限界が見えはじめ、多くの制御問題で自律分散制御方式への転換が求められるのは避けられないように思います。

ネットワークの構造をもつ大規模な人工システムとして、交通網や通信網があります。第二章で紹介した電力供給網もそうしたネットワークの一例です。この種のネットワークを振動子のネットワークと見なして、モノや情報や人の流れを自律分散方式で制御することがいろいろと試みられています。その多くはまだアイディアにとどまっていますが、著者の興味を惹いた一例として、市街地の自動車交通を制御する**交通信号機のネットワーク**

があります。走行車両のまばらな郊外や一本の路線上ならば交通信号制御はさほど難しくありませんが、街路網が交錯する都会では、交通流が最大限スムースになるように信号機全体をうまく制御することははるかに難しくなります。自律分散方式をこれに適用しようとする野心的な試みの一端を以下で紹介したいのですが、その前にまず現在行われている集中制御方式による信号制御をざっと見ておきましょう。

信号機の色は通常、青、黄、赤、青、黄、赤、……と周期的に変わります。実は、これが信号機を振動子として扱える基本的な理由なのですが、このことはまた後で話します。交差点にさしかかるごとにタイミング悪く赤信号に変わってしまうときの不愉快さは、ドライバーなら誰でも知っています。それは時間のロスに加えて交通事故の原因にもなりかねませんし、たびたび停止と発進をくりかえせば、ガソリンの消費も増えて環境も悪化します。このことから、都市の街路網では、各信号機の信号の色が一巡するのに要する時間や、青信号や赤信号に割り当てられる時間、さらには隣の信号との時間差などをうまく設定することが非常に重要になります。

以下では信号の一サイクルの長さを「**サイクル長**」、一サイクルの中で青信号に割り当てられている時間の割合を「**スプリット**」、隣の信号機と比較したときの青信号の開始時刻の差を「**オフセット**」と呼ぶことにします。サイクル長、スプリット、およびオフセットが制御されるべき三つの基本量です。これらをある区域内のすべての信号機、およびそれら相互の関係について制御するのが、交通信号制御です。全国の七五主要都市に置かれた交通管制センターは、集中制御方式でこれを行っています。

一括して扱う区域が広すぎますと、扱う信号機が多すぎるばかりでなく、道路条件や交通条件が区域内で不均一になりすぎて、集中制御は難しくなります。そこで、いろいろな条件を考慮した上で管轄区域をいくつかのサブエリアに分け、制御はサブエリアごとに行っています。そうすれば、少なくともサイクル長については、同じサブエリア内なら共通としておいてもそれほど問題は起きないだろうと考えられ、じっさいそのようにしています。

青信号に割り当てられた長さ、すなわちスプリットについては、交差点ごとにその場の交通状況に合わせて調整しています。信号機と車両感知器はオンラインで管制センターのコンピューターにつながっていますから、そこを通る車の流量をモニターしながら一定時間ごとにスプリットを更新していくのです。そこでは他の交差点でのスプリットがどうなっているかは考慮されませんが、これもさほど問題は生じないでしょう。

一番問題なのはオフセットです。つまり、進路上のある信号機と次の信号機との間で、青信号が始まる時間をどのようにずらせばよいかという問題です。ドライバーとしては、できるだけ青、青、青……で信号を通過したいのは当然です。しかし、ある方向の流れについてそうなるように信号機の間のタイミングを設定したとしても、そのために逆方向の流れがひどく悪くなれば、元も子もありません。したがって、両方の流れをほどほどに満足させるような最も妥当なオフセットが望まれるわけです。一般に、車の流量は両方向で異なりますから、流量の多いほうを優先的に扱う必要があります。しかしともかく、二つの信号機を考えるだけですむなら、最善のオフセットを見出すのはさほど難しくはないでしょう。問題はこれら二つの信号機が孤立して存在するわけではなく、別の信号機とも関係しているということです。そして、都会ではこのつながりは縦横に延々と続きます。このことから、単に二つの信号機の間で計算された望ましいオフセットは、全体のことを考えると、もはや最善のものとは言えなくなります。

あちらを立てればこちらが立たず、というふうにあちこちで得失が対立します。それを調整しながら、サブエリア全域にわたって最も妥当な答えを見出さなければならないのです。しかも、交通流のパターンは絶えず変動していますから、すばやく答えを出しながらオフセットの全域的なパターンを更新し続ける必要があります。こうしたことすべてを集中制御でやろうとすると、サブエリアを相当小範囲に限っても、考えられないほど膨大な計算を超高速で実行する必要があるでしょう。スプリットのように信号機ごとに最善の値を決めてもそれほど問題が生じないのとは違って、信号機と信号機の間のベストな関係を全域にわたって決めるという問題は、集中制御が最も不得手とするタイプの問題なのです。

こうした事情から、オフセットについては変動する交通流の状況に合わせた調整は現実には行われていません。かわりに、前もって現場を調査したり、シミュレーションを行ったりしながら十分に時間をかけ、適当と思われるオフセットのパターンを見出し、それを適用するというのが通常のやりかたです。時間帯によっても交通状況は大きく変わりますから、いくつかのオフセットパターンを用意して、一定時間ごとに切り替えています。

オフセットを広域にわたって制御するのは、むしろ自律分散制御の得意とするところです。コントロールセンターがすべての信号機の状態に常時目を光らせながらそれぞれの信号機に逐一指示を出さなければならないのが集中制御方式ですが、自律分散制御方式ではコントロールセンターというものは基本的に必要ありません。なぜなら、信号の制御を信号機自身にゆだねているからです。それぞれの信号機はまわりの状況を見ながら、そこを通る車の流れを最大限円滑にする方向に自らのサイクルを修正し続けるのです。その結果、方々で起こりうる得失の対立は、ひとりでに折り合いが付くと期待されるのです。

結合振動子系としての交通信号機ネットワーク

周期的に表示を変える信号機は、振動子と見なすことができます。円周上を等速で回転する粒子でイメージできる位相モデルが、この場合も使えます。信号の色は位相がどの範囲にあるかで決まるとしておけばよいでしょう。たとえば、位相がゼロ度から一七〇度の範囲で青信号、一七〇度から一九〇度までは黄信号、一九〇度から三六〇度の範囲で赤信号、というように。そうすると、信号機のネットワークは結合振動子系になりますが、もちろん、信号機間の相互作用をどのように設定するかが最も重要なポイントになりますが、ネットワークがどのように機能するかをネットワークの自律的なダイナミクスにゆだねようという制御の基本的な考えかたは、何といっても魅力的です。こうした発想から、交通信号機の自律分散制御を結合振動子モデルによって行わせようとする試みが、名古屋大学の関山浩介さんや立命館大学の西川郁子さんによってなされました。

ここでは、よりシンプルな西川さんのネットワークモデルについて、ごく簡単に触れておきましょう。まず、信号機固有のサイクル長については、すべて同一としています。つまり、同じ自然周期をもつ位相振動子のネットワークを考えることになります。ただし、振動子の周期は相互作用によって自然周期とは一般に異なってきますので、現実のサイクル長をあらかじめ決めているわけではありません。各信号機は隣の信号機とだけ相互作用させます。第二章では、蔵本モデルや電力供給網に関連して「位相差の正弦関数」で表される相互作用モデルを紹介しましたが、ここではそれを少しだけ一般化したものを用いています。

相互作用の形とともに相互作用力の最大値、つまり結合強度をどのように設定するかも問題です。一般に、信号機Aが隣の信号機Bに及ぼす力と、BがAに及ぼす力とは異なります。西川さんのモデルでは、AがBに及ぼす結合力はAからBへの交通流量に比例した量だとします。もちろん、逆方向についても同様です。交通流量は絶えず変動しますから、このモデルは結合の強さが時々刻々と変化する振動子系になっています。それぞれの信号機はそこを流れる交通流量と隣の信号機の位相状態をモニターしながら、この相互作用にしたがって自らサイクルを調整するわけです。

このような相互作用で結び付いた信号機AとBは、以下のような自己調整能力をもつことがわかっています。それはまず、Bからやってくる交通流を最大限信号待ちなしで通過させるようにAのサイクルを修正しようとします。一方、Bの立場に立つと、それもAからやってくる交通流を最大限効率良く通過させるように自らのサイクルを修正しようとします。しかし、BからAへの車の流れにとって望ましいオフセットと逆方向の車の流れにとって望ましいオフセットは、一般に一致せず、対立することを先に述べました。両者をほどほどに満足させる妥当な答えは、信号機自身が見付け出してくれます。相互作用する振動子自身のダイナミクスのおかげで、AとBの間で自然に妥協が成立するようになっているからです。結合強度が交通流量に比例することから、たとえばある方向の流れが逆方向の流れより強ければ、流れの強い方向を優先するようなオフセットがダイナミクスの結果として自動的に選ばれるでしょう。

信号機に制御を任せる

前節では二つの信号機AとBの相互作用を考えましたが、AもBも別の信号機に隣接していますし、右折、左折を考慮すれば、一般に信号機は縦横に結合しています。このような場合には、隣り合うすべての信号機との間で、同じルールにしたがって相互作用させなければなりません。たとえば、信号機Aにとっては、それに隣接するすべての信号機による作用の総和がAのサイクルの調整をうながす力になります。交通流量は進路ごとに違うかもしれませんが、その事実は結合強度に反映されますから、その違いを通じてどの進路が優先されるかも自動的に考慮されます。このように、信号機群は相互調整を行いつつ自ら答えを出すわけで、管制センターが答えを出すために猛烈な計算をする必要はないのです。

現実の複雑な交通状況に対応できるためには、このような単純なモデルはもちろんさまざまに拡張修正される必要があります。たとえば、直進車と右折車、左折車では、一サイクル中での進行可能な時間帯も異なります。また、信号待ちの車両が青信号でただちに発進できるわけではなく、混雑度に応じた遅延時間を考慮する必要もあるでしょう。時差式信号や、最近増えている歩車分離式信号の導入も条件を複雑にします。しかし、オフセットの調節に集中制御方式を適用した場合の困難を考えれば、こうしたさまざまな条件を考慮することは二次的な問題であると言えます。それぞれの信号機に制御をゆだねている限り、考慮すべき条件が多少増えたところで運動法則が少々複雑になるだけで、それぞれの信号機が行わなければならない計算の量が爆発的に増えるわけではないからです。

従来の車両感知器では一地点での交通流量は計測できますが、離れた地点での交通情報は把握できません。しかし、近年急速に普及が進んでいる光ビーコン（光学式車両感知器）では、対応機器を搭載した車両を追跡できるので、これが可能です。車両ごとの走行経路がわかりますから、下流の交差点での交通到達予測も可能です。ドライバーも光ビーコンからさまざまな交通情報を得ることができて、渋滞の緩和などにも役立つでしょう。光ビーコンが把握した情報は交通管制センターに送られます。この膨大な情報をスムースで安全な道路交通のためにフルに活用できればよいのですが、集中制御が抱える本質的な困難がこれで解決されるわけではありません。有用な新情報が得られるようになったことは、制御方式のあれこれにかかわらず歓迎すべきことには違いありませんが、オフセットの制御問題に見られるように、すでに利用可能な情報さえ扱いかねているところに集中制御の問題があるからです。

一般に、自律分散制御システムは、「したたかさ」「打たれ強さ」「レジリエンス（回復力）」などの言葉で表される特長を備えています。たとえば、十分多数のモジュールから成るモジュラーロボットでは、モジュールの一つや二つが壊れても集団全体の機能にさしたる影響はありません。部分部分がまわりの状況に適応しながら行動するので、部分的な破損の影響も局所的にカバーされて、全体に広がる危険が少ないのです。交通信号制御の場合も、災害などで区域の一部が孤立状態になったとき、集中制御方式では管制センターからの指令が絶たれて信号が停止すると大混乱が広範囲に起こりますが、自律分散制御方式では少なくとも各地点での基本的な機能は維持されますので、その懸念は少ないはずです。

生き物が巧妙な自律分散制御方式を進化させてきたのも、それが種の存続繁栄にとって最も合理的な制御方式であるからに違いありませんし、そこにリズムと同期が広く見られるのも、部分間のコミュニケーションを効率良く達成するための媒介物として、位相がきわめて使い勝手の良い性質をもっているからだと思われます。結合振動子系が埋め込まれた自律分散制御システムの大きな可能性は、今後ますます現実のものになっていくはずです。

おわりに

「同期」を一つの切り口にして、本書ではさまざまな分野を渡り歩いてきました。著者はもともと同期現象の数理面にたずさわってきた一研究者ですから、訪れたどの分野も実は素人同然です。ただ好奇心のおもむくままに訪ね歩きながら、特に面白く感じたことを書きとどめたというに過ぎません。したがって、それぞれの分野を深く探究されている専門家の方々から見れば、至らない点や思い違いも数多くあるのではないかと思います。そうした点はもちろん遠慮なくご指摘願いたいと思います。しかし、無知だからといって自陣に立てこもるばかりでなく、時には見知らぬ土地を巡り歩いて目新しい事物を発見する喜びを一研究者としても味わいたいという気持ちが常にあります。その楽しさを多くの読者と共有できれば、なおさら喜ばしいことです。幸い、「同期」というキーワードをパスポートにすれば、遠く離れた領野を冒険することもさほど難しくありません。

本書をお読みになった読者は、常識で考えればほとんど縁もゆかりもないさまざまな科学分野の間に、同期現象という一本の糸でつながりが生じたことをおわかりいただけたと思います。電力供給網と体内時計とは見かけ上何の関係もありませんし、明滅するホタルとホルモンの分泌との関係にしてもそうでしょう。しかし、「同期」に着目することで、遠く離れていた二つのものが急接近したのです。「同期」に限らず、普遍性をもったある概念を導入することで、複雑世界を構成する諸物の位置関係ががらりと変わって、世界の新しい見えかたが立ち現れるということがあります。伝統的な縦割りの学問体系の下でそれぞれの分野を個別に深めていくこともちろん大切ですが、それだけではこの複雑な現象世界の全体像は見えにくいでしょう。意表をついた形で異分野を大規模に結び付け、惰性化された世界像を絶えず更新していく科学には、みずみずしさがあります。そうした科学を時代は求めているように思います。

本書ではほとんど触れることができませんでしたが、広範囲に及ぶ学問分野を一挙に横断する科学の別の例として、最近進展が著しい「複雑ネットワークの科学」があります。ネットワークは身のまわりの至るところに見出されます。インターネット、知人関係で作られる社会ネットワーク、遺伝子発現を調節する細胞内のネットワーク、航空路線網、学術論文の引用と被引用の関係で作られるネットワーク、等々。ネットワークを数学的にモデル化すれば、それはノードがリンクでつながったごく不愛想なグラフに過ぎません。しかし、現実のネットワークから個別性をすべてはぎ取ってこのグラフに抽象化してしまうと、そこに驚くべき構造上の共通性が現れるのです。したがって、この抽象物の理論研究から得られた新しい知見が、とてつもなく広範な分野にインパクトをあたえることになります。

同期現象や複雑ネットワーク以外にも、異分野を横断的に統合する力をもつ概念はもちろん数多く存在します。たとえば、前著『非線形科学』で紹介した「カオス」という概念には、すさまじいほどの横断的統合力があります。規模の大小はあっても、こうしたインパクトをもつ概念は今後も次々に現れるに違いありません。それによって、伝統的な分類法で隔てられた学問分野間の横断的なつながりは、ますます緊密になるでしょう。この方向への科学の進歩には原理的に限りがありません。複雑世界に対する私たちの理解はどこまでも深まり、新しい世界像が開示され続けるでしょう。

分析に分析を重ね、世界を成り立たせている基本要素や基本要因を探り当て、ひるがえってそこから世界を再構成しようとするのが科学的精神の基本だと、私たちはいつの頃から思い込まされるようになったのでしょうか。もちろん、この科学的精神のおそるべき力を私たちは身にしみて知っています。諸科学もこの基本戦略にしたがって自然のしくみを暴き、コントロールしようとしてきました。確かに、それは大成功でした。しかし、ここに来て、人々は疑いと不安を感じはじめているように見えます。ほんとうに「分解し、総合する」という基本戦略によってこの複雑な現象世界を理解し、末永くそれと共存することが可能なのかと。それのみではとらえがたい、自然の重要な半面があるのではないでしょうか。この基本戦略にとって不得手な数々の問題に単に目をつぶり、輝かしい戦果だけを誇ってきたというのが事実ではないでしょうか。しかも、戦果だけでなく災厄もともなって。

「分解し、総合する」一辺倒ではない科学のありかたが可能なことは、もっと広く知られてよいと思います。それは分解することによって見失われる貴重なものをいつくしむような科学です。ひとたび分解してしまえば、総合によって貴重なものを回復することはまず不可能なことだと心得るべきです。むしろ、複雑世界を複雑世界としてそのまま認めた上で、そこに潜む構造の数々を発見し、それらをていねいに調べていくことで、世界はどんなに豊かに見えてくることでしょうか。それによって活気づけられた知は、どれほど大きな価値を社会にもたらすことでしょう。今世紀の科学への最大の希望を、著者はこの方向に託しています。

disease. *Brain* 125, p.1196

第四章

Mullins, O.J., et al. (2011): Neuronal control of swimming behavior: comparison of vertebrate and invertebrate model systems. *Prog.Neurobiol.* 93, p.244
Tanaka, Y., et al. (2012): Mechanics of peristaltic locomotion and role of anchoring. *J.R.Soc.Interface* 9, p.222
中垣俊之著（2010）『粘菌：その驚くべき知性』PHPサイエンス・ワールド新書
Matsumoto, K., et al. (1986): Propagation of phase wave in relation to tactic responses by the plasmodium of Physarum polycephalum. *J.Theor.Biol.* 122, p.339
加藤拓真他（2008）：「粘菌型ロボットから探る自律個間の相互作用様式のあり方に関する考察」『計測自動制御学会東北支部 第224回研究集会資料』244-10
西川郁子（2008）：「振動同期を用いた交通信号機制御法について」『システム/制御/情報 52』p.163

Moiseff, A., and Copeland, J. (2010): Firefly synchrony: a behavioral strategy to minimize visual clutter. *Science* 329, p.181

Winfree, A.T. (1967): Biological rhythms and the behavior of populations of coupled oscillators. *J.Theor.Biol.* 16, p.15

Strogatz, S.H. (2000): From Kuramoto to Crawford: exploring the onset of synchronization in populations of coupled oscillators. *Physica D* 143, p.1

第三章

Allessie, M.A., et al. (1973): Circus movement in rabbit atrial muscle as a mechanism of tachycardia. *Circ.Res.* 33, p.54

Müller, S.C., et al. (1987): Two-dimensional spectrophotometry of spiral wave propagation in the Belousov-Zhabotinskii reaction. *Physica D* 24, p.71

川崎雅司著、岡良隆・蟻川謙太郎編（2007）「弱電気魚の混信回避行動：神経機構とその進化」『〈シリーズ21世紀の動物科学第8巻〉行動とコミュニケーション』培風館

Danø, S., et al. (1999): Sustained oscillations in living cells. *Nature* 402, p.320

Ukai, H., et al. (2007): Melanopsin-dependent photo-perturbation reveals desynchronization underlying the singularity of mammalian circadian clocks. *Nat.Cell Biol.* 9, p.1327

MacDonald, P.E., and Rorsman, P. (2006): Oscillatons, intercellular coupling, and insulin secretion in pancreatic β cells. *PLOS Biol.*. 4, e49

Zhang, M., et al. (2003): The Ca^{2+} dynamics of isolated mouse β -cells and islets: implications for mathematical models. *Biophys.J.* 84, p.2852

Henquin, J.C., et al. (1982): Cyclic variations of glucose-induced electrical activity in pancreatic B cells. *Pflügers Arch.-Eur. J.Phys.* 393, p.322

Levy, R., et al. (2002): Dependence of subthalamic nucleus oscillations on movement and dopamine in Parkinson's

参考文献

第一章

Abel, M., et al. (2006): Synchronization of organ pipes: experimental observations and modeling. *J.Acoust.Soc.Am.* 119, p.2467

Bennett, M., et al. (2002): Huygens's clocks. *Proc.Roy.Soc. London A* 458, p.563

Pantaleone, J., (2002): Synchronization of metronomes. *Am. J.Phys.* 70, p.992

石田隆宏, 原田新一郎（1999）:「炎の光の振動」『化学と教育』第47巻10号, p.716

Czeisler, C.A., et al. (1999): Stability, precision, and near-24-hour period of the human circadian pacemaker. *Science* 284, p.2177

Strogatz, S.H. (2003): *SYNC: The Emerging Science of Spontaneous Order*. Brockman, Inc. 邦訳；蔵本由紀監修、長尾力訳（2005）『SYNC：なぜ自然はシンクロしたがるのか』早川書房

ファラデー著、竹内敬人訳（2010）『ロウソクの科学』岩波文庫

Kitahata, H., et al. (2009): Oscillation and synchronization in the combustion of candles. *J.Phys.Chem.A* 113, p.8164

Walker, T.J. (1969): Acoustic synchrony: two mechanisms in the snowy tree cricket. *Science* 166, p.891

Aihara, I., et al. (2011): Complex and transitive synchronization in a frustrated system of calling frogs. *Phys.Rev.E* 83, 031913

第二章

Fujino, Y., et al. (1993): Synchronization of human walking observed during lateral vibration of a congested pedestrian bridge. *Earthq.Eng.Struct.Dyn.* 22, p.741

Néda, Z., et al. (2000): The sound of many hands clapping. *Nature* 403, p.849

Buck, J., and Buck, E. (1968): Mechanism of rhythmic synchronous flashing of fireflies. *Science* 159, p.1319

索　引

編集協力／集英社クリエイティブ

蔵本由紀（くらもと よしき）

一九四〇年生まれ。京都大学理学部卒業後、同大学大学院理学研究科修士、博士課程修了。九州大学理学部助手を経て、一九七六年に京都大学理学部助教授。一九八一年より同大基礎物理学研究所教授、理学部教授、大学院理学研究科教授を歴任し二〇〇四年に定年退官後は京都大学名誉教授。二〇一三年より国際高等研究所副所長。「同期現象などをめぐる非線形科学の先駆的研究」により二〇〇五年度朝日賞受賞。著書に『非線形科学』（集英社新書）など。

非《ひ》線《せん》形《けい》科《か》学《がく》 同《どう》期《き》する世《せ》界《かい》

集英社新書〇七三七G

二〇一四年五月二一日 第一刷発行

著者……蔵《くら》本《もと》由《よし》紀《き》

発行者……加藤 潤

発行所……株式会社集英社

東京都千代田区一ツ橋二-五-一〇 郵便番号一〇一-八〇五〇

電話 〇三-三二三〇-六三九一（編集部）

〇三-三二三〇-六三九三（販売部）

〇三-三二三〇-六〇八〇（読者係）

装幀……原 研哉

印刷所……大日本印刷株式会社 凸版印刷株式会社

製本所……加藤製本株式会社

定価はカバーに表示してあります。

ISBN 978-4-08-720737-8 C0242

a pilot of wisdom

集英社新書　好評既刊

科学——G

星と生き物たちの宇宙	平林久 黒谷明美
臨機応答・変問自在	森博嗣
農から環境を考える	原剛
匂いのエロティシズム	鈴木隆
生き物をめぐる4つの「なぜ」	長谷川眞理子
物理学と神	池内了
全地球凍結	川上紳一
カラス　なぜ遊ぶ	杉田昭栄
ゲノムが語る生命	中村桂子
いのちを守るドングリの森	宮脇昭
安全と安心の科学	村上陽一郎
松井教授の東大駒場講義録	松井孝典
論争する宇宙	吉井讓
郵便と糸電話でわかるインターネットのしくみ	岡嶋裕史
時間はどこで生まれるのか	橋元淳一郎
スーパーコンピューターを20万円で創る	伊藤智義
脳と性と能力	カトリーヌ・ヴィダル ドロテ・ブノワ＝ブロウエズ
非線形科学	蔵本由紀
欲望する脳	茂木健一郎
大人の時間はなぜ短いのか	一川誠
雌と雄のある世界	三井恵津子
ニッポンの恐竜	笹沢教一
化粧する脳	茂木健一郎
美人は得をするか「顔」学入門	山口真美
電線一本で世界を救う	山下博
量子論で宇宙がわかる	マーカス・チャウン
我関わる、ゆえに我あり	松井孝典
挑戦する脳	茂木健一郎
錯覚学——知覚の謎を解く	一川誠
宇宙は無数にあるのか	佐藤勝彦
ニュートリノでわかる宇宙・素粒子の謎	鈴木厚人
顔を考える　生命形態学からアートまで	大塚信一
宇宙論と神	池内了

a pilot of wisdom

医療・健康――I

残り火のいのち 在宅介護11年の記録　藤原瑠美
赤ちゃんと脳科学　小西行郎
病院なんか嫌いだ　鎌田 實
うつと自殺　筒井末春
人体常在菌のはなし　青木 皐
希望のがん治療　斉藤道雄
医師がすすめるウオーキング　泉 嗣彦
病院で死なないという選択　中山あゆみ
働きながら「がん」を治そう　馳澤憲二
インフルエンザ危機《クライシス》　河岡義裕
心もからだも「冷え」が万病のもと　川嶋 朗
知っておきたい認知症の基本　川畑信也
子どもの脳を守る　山崎麻美
「不育症」をあきらめない　牧野恒久
貧乏人は医者にかかるな！ 医師不足が招く医療崩壊　永田 宏
見習いドクター、患者に学ぶ　林 大地

禁煙バトルロワイヤル　太田 光／奥仲哲弥
専門医が語る 毛髪科学最前線　板見 智
誰でもなる！ 脳卒中のすべて　植田敏浩
新型インフルエンザ 本当の姿　河岡義裕
医師がすすめる男のダイエット　井上修二
肺が危ない！　生島壮一郎
ウツになりたいという病　植木理恵
腰痛はアタマで治す　伊藤和磨
介護不安は解消できる　金田由美子
話を聞かない医師 思いが言えない患者　磯部光章
発達障害の子どもを理解する　小西行郎
先端技術が応える！ 中高年の目の悩み　横井則彦
災害と子どものこころ　清水將之／柳田邦男／井出 浩／田中 究
老化は治せる　後藤 眞
名医が伝える漢方の知恵　丁 宗鐵
ブルーライト 体内時計への脅威　坪田一男
子どもの夜ふかし 脳への脅威　三池輝久

社会——B

銃に恋して 武装するアメリカ市民	半沢隆実
代理出産 生殖ビジネスと命の尊厳	大野和基
マルクスの逆襲	三田誠広
ルポ 米国発ブログ革命	池尾伸一
日本の「世界商品」力	嶌　信彦
今日よりよい明日はない	玉村豊男
公平・無料・国営を貫く英国の医療改革	武内和久 竹之下泰志
日本の女帝の物語	橋本　治
食料自給率100%を目ざさない国に未来はない	島﨑治道
自由の壁	鈴木貞美
若き友人たちへ	筑紫哲也
他人と暮らす若者たち	久保田裕之
男はなぜ化粧をしたがるのか	前田和男
オーガニック革命	高城　剛
主婦パート 最大の非正規雇用	本田一成
グーグルに異議あり!	明石昇二郎
モードとエロスと資本	中野香織
子どものケータイ―危険な解放区	下田博次
最前線《フォワード》は蛮族たれ	釜本邦茂
ルポ 在日外国人	髙　賛侑
教えない教え	権藤　博
携帯電磁波の人体影響	矢部　武
イスラム―癒しの知恵	内藤正典
モノ言う中国人	西本紫乃
二畳で豊かに住む	西　和夫
「オバサン」はなぜ嫌われるか	田中ひかる
新・ムラ論TOKYO	隈　研吾 清野由美
原発の闇を暴く	広瀬　隆 明石昇二郎
伊藤Pのモヤモヤ仕事術	伊藤隆行
電力と国家	佐高　信
愛国と憂国と売国	鈴木邦男
事実婚 新しい愛の形	渡辺淳一
福島第一原発―真相と展望	アーニー・ガンダーセン

a pilot of wisdom

没落する文明　萱野稔人／神里達博
人が死なない防災　片田敏孝
イギリスの不思議と謎　金谷展雄
妻と別れたい男たち　三浦　展
「最悪」の核施設　六ヶ所再処理工場　小出裕章／渡辺満久／明石昇二郎
ナビゲーション「位置情報」が世界を変える　山本　昇
視線がこわい　上野　玲
「独裁」入門　香山リカ
吉永小百合、オックスフォード大学で原爆詩を読む　早川敦子
原発ゼロ社会へ！　新エネルギー論　広瀬　隆
エリート×アウトロー　世直し対談　堀田　力／玄　秀盛
自転車が街を変える　秋山岳志
原発、いのち、日本人　浅田次郎／藤原新也　ほか
「知」の挑戦　本と新聞の大学Ⅰ　一色　清／姜尚中　ほか
「知」の挑戦　本と新聞の大学Ⅱ　一色　清／姜尚中　ほか
東海・東南海・南海　巨大連動地震　高嶋哲夫
千曲川ワインバレー　新しい農業への視点　玉村豊男

教養の力　東大駒場で学ぶこと　斎藤兆史
消されゆくチベット　渡辺一枝
爆笑問題と考える　いじめという怪物　太田　光／NHK「探検バクモン」取材班
部長、その恋愛はセクハラです！　牟田和恵
モバイルハウス　三万円で家をつくる　坂口恭平
東海村・村長の「脱原発」論　村上達也／神保哲生
「助けて」と言える国へ　奥田知志／茂木健一郎
わるいやつら　宇都宮健児
ルポ「中国製品」の闇　鈴木譲仁
スポーツの品格　桑田真澄／佐山和夫
ザ・タイガース　世界はボクらを待っていた　磯前順一
ミツバチ大量死は警告する　岡田幹治
本当に役に立つ「汚染地図」　沢野伸浩
「闇学」入門　中野　純
100年後の人々へ　小出裕章
リニア新幹線　巨大プロジェクトの「真実」　橋山禮治郎
人間って何ですか？　夢枕　獏　ほか

a pilot of wisdom

ヴィジュアル版——V

a pilot of wisdom

集英社新書 好評既刊

伝える極意
長井鞠子 0727-C

通訳の第一人者として五〇年にわたり活躍する著者が、言語を超えたコミュニケーションの法則を紹介する。

ONE PIECE STRONG WORDS 2〈ヴィジュアル版〉
尾田栄一郎／解説・内田 樹 032-V

前作に続き『ONE PIECE』の最後の海〝新世界〟編のうち「魚人島編」「パンクハザード編」の名言を収録。

それでも僕は前を向く
大橋巨泉 0729-C

八〇年の人生を振り返り、現代の悩める日本人に後悔せず生き抜くための「人生のスタンダード」を明かす。

ゴッホのひまわり 全点謎解きの旅〈ノンフィクション〉
朽木ゆり子 0730-N

ゴッホの作品中で最も評価の高い「ひまわり」。世界に散る全十一枚の「ひまわり」にまつわる謎を読み解く！

リニア新幹線 巨大プロジェクトの「真実」
橋山禮治郎 0731-B

リニア新幹線は本当に夢の超特急なのか？ 経済性、技術面、環境面、安全面など、計画の全容を徹底検証。

資本主義の終焉と歴史の危機
水野和夫 0732-A

金利ゼロ＝利潤率ゼロ＝資本主義の死。五百年ぶりの歴史的大転換期に日本経済が取るべき道を提言する！

伊勢神宮 式年遷宮と祈り〈ヴィジュアル版〉
石川 梵 033-V

三〇年以上の取材を通して明らかになる伊勢神宮の祭祀世界。一般には非公開の神事、神域を撮影。

上野千鶴子の選憲論
上野千鶴子 0734-A

護憲でも改憲でもない、「選憲」という第三の道を提示。若者や女性の立場で考える日本国憲法の可能性とは。

子どもの夜ふかし 脳への脅威
三池輝久 0735-I

慢性疲労を起こして脳機能が低下するという、子どもの睡眠障害。最新医学から具体的な治療法を明示する。

人間って何ですか？
夢枕 獏 0736-B

脳科学や物理学、考古学など、様々な分野の第一人者を迎え、人類共通の関心事「人間とは何か」を探る。